Helizain Pabon Lizcano

Estudio de la Interferometría sísmica en modelos sintéticos complejos

Helizain Pabon Lizcano

Estudio de la Interferometría sísmica en modelos sintéticos complejos

correlación cruzada de trazas sísmicas en construcción de modelos geológicos

Editorial Académica Española

Imprint
Any brand names and product names mentioned in this book are subject to trademark, brand or patent protection and are trademarks or registered trademarks of their respective holders. The use of brand names, product names, common names, trade names, product descriptions etc. even without a particular marking in this work is in no way to be construed to mean that such names may be regarded as unrestricted in respect of trademark and brand protection legislation and could thus be used by anyone.

Cover image: www.ingimage.com

Publisher:
Editorial Académica Española
is a trademark of
International Book Market Service Ltd., member of OmniScriptum Publishing Group
17 Meldrum Street, Beau Bassin 71504, Mauritius
Printed at: see last page
ISBN: 978-620-2-81008-1

Agradecimientos

Quiero agradecer de forma muy especial a mis directores PhD Néstor Alonso Arias y el PhD Jorge Enrique Rueda, quienes han sido guía fundamental en el desarrollo de mi maestría.

A los profesores MSc Jhorman Gustavo Maldonado, PhD Francisco Gamboa y el PhD Herman Jaramillo quienes hicieron importantes aportes al trabajo y guía cuando encontraba obstáculos.

A Ecopetrol y Colciencias quienes financian el proyecto "MIGRACIÓN SÍSMICA PRE-APILADO EN PROFUNDIDAD POR EXTRAPOLACIÓN DE CAMPOS DE ONDA UTILIZANDO COMPUTACIÓN DE ALTO DESEMPEÑO PARA DATOS MASIVOS EN ZONAS COMPLEJAS".

Agradezco a la Universidad de Pamplona y a su planta docente por darme la oportunidad de llevar a cabo mis estudios de postgrado.

A todos Gracias.

IV

Resumen

El método de interferometría sísmica utiliza ondas acústicas, que se propagan por el subsuelo, para brindar información sobre su morfología y propiedades. Esto se consigue por los patrones de interferencia generados a través de la correlación cruzada de las trazas sísmicas con lo que se obtiene una imagen de la información morfológica de los estratos del subsuelo. En prospección sísmica de yacimientos petroleros, es de gran interés obtener imágenes del subsuelo con alta precisión y resolución para su interpretación y posterior explotación. La interferometría sísmica puede producir un resultado similar a los métodos tradicionales, sin los inconvenientes de la difusividad del campo de onda o de las fuentes ambientales. A continuación, se presenta un modelamiento numérico de la interferometría sísmica para algunos modelos sintéticos complejos. Se inicia con un modelo simple, como el modelo capas planas, aumentando progresivamente su complejidad morfológica incluyendo buzamientos, cuestas y capas sinclinales en configuraciones mixtas. Generando las trazas sintéticas de cada modelo, se realiza la correlación cruzada de los datos sísmicos y se obtienen las imágenes de las capas reflectoras del subsuelo reconstruidas con migración interferométrica.

Palabras clave: Interferometría sísmica, migración interferométrica, correlación cruzada.

Abstract

The seismic interferometry method uses acoustic waves that propagate through the subsoil to provide information about its morphology and properties. This is achieved by the interference patterns generated through the cross-correlation of the seismic traces which produces an image with morphological information of the subsoil layers. In seismic prospecting of oil deposits, it is of great interest to obtain images of the subsoil with high precision and resolution for its interpretation and subsequent exploitation. Seismic interferometry can produce a result similar to traditional methods, without the drawbacks of the diffusivity of the wave field or environmental sources. Next, a numerical modeling of seismic interferometry is presented for some complex synthetic models. It starts with a simple model, such as the flat layers model, progressively increasing its morphological complexity including dips, slopes and syncline layers in mixed configurations. Generating the synthetic traces of each model, the cross-correlation of the seismic data is performed and the images of the reflecting subsoil layers reconstructed with interferometric migration are obtained.

Keywords: seismic interferometry, migration, correlation.

VIII

Contenido

Lista de figuras

Lista de tablas

1. INTRODUCCIÓN

La interferometría sísmica es un método que se encuentra en desarrollo. Permite la obtención de imágenes del subsuelo a partir de fuentes controladas en profundidad, con resultados muy similares a los obtenidos en sísmica de superficie. Al realizar la correlación cruzada de las trazas sísmicas, la configuración fuente-receptor es reubicada más cerca del objetivo, permitiendo una mejor resolución de la imagen al evitar los efectos de distorsión causados por zonas del medio que no son de interés.

El pionero en este campo fue Jon Claerbout quien planteo la obtención de una función de Green en superficie con el fin de conseguir información característica de un medio acústico estratificado (Claerbout, 1968). Más tarde se comprobó para medios de una dimensión de datos sintéticos, datos sismológicos, datos sintéticos de perfil sísmico vertical y posteriormente en datos 3D (Schuster, 2009). Luego postuló que podría conseguir sismogramas que reubicaban de forma virtual las fuentes a posiciones donde originalmente se encontraban receptores (*redatuming*), expresado en las palabras de Rickett y Claerbout (Rickett, 1999):

"Mediante la correlación cruzada de las trazas de ruido registradas en dos lugares en la superficie, podemos construir el campo de onda que se registraría en uno de los lugares si hubiera una fuente en el otro."

Trabajos relacionados fueron realizados por Rickett y Claerbout quienes en 1999, obtuvieron información de la estructura interna del sol mediante la crosscorrelacción de los registros de vibración solar, consiguiendo sismogramas virtuales en la superficie solar (Duvall, 1993; Rickett, 1999). El método se extendió también para métodos de fuente controlada para conseguir imágenes de reflectividad del subsuelo a través de la suma de las correlaciones cruzadas de datos seguidos de una migración. Finalmente, Schuster (2001) y Schuster et al. (2004), denominaron la interferometría sísmica como cualquier algoritmo que invierte los datos símicos correlacionados para la reflectividad o distribución de fuentes (Schuster, 2001; Schuster, 2004).

La interferometría sísmica se extendió a otras aplicaciones como la obtención de imágenes en configuraciones de fuente desconocida, también a la migración de datos sísmicos en superficie y de llegadas de transmisiones de onda convertidas de P a S, la extracción de información superficial de la coda sísmica para calcular cambios temporales, cambios en la posición de la fuente o de la velocidad de la onda, entre otras (Snieder, 2002).

Wapenaar et al (2002) establecieron las bases matemáticas para la interferometría sísmica. La ecuación de reciprocidad de tipo correlativo es reconocida como la ecuación que gobierna todos los métodos de reubicación de fuentes virtuales y sus aplicaciones (Wapenaar, 2002; Wapenaar,2004).

La correlación de grandes registros pasivos de terremotos, produce datos de onda de superficie sobre casi cualquier azimut permitiendo una buena estimación de la distribución de velocidad del subsuelo (Campillo and Paul, 2003; Shapiro et al, 2005; Gerstoft et al., 2006). En 2004 Calvert y Bakulin, introdujeron el método de fuentes virtuales que permite la transformación de los datos de perfil sísmico vertical VSP,(por sus siglas en ingles), a datos de perfil de pozo simple SWP, (por sus siglas en ingles). De forma similar, se han hecho avances importantes en el desarrollo de las transformaciones de datos sísmicos de diferentes configuraciones de adquisición, aprovechando la reubicación virtual de la configuración fuente receptor que permite la interferometría sísmica. Estas transformaciones se desarrollan en detalle en el libro *Seismic Interferometry* de Shuster (Schuster, 2009).

1.1. Planteamiento del problema

La búsqueda de recursos, para la elaboración de bienes y servicios, ha llevado al desarrollo de técnicas de exploración geofísica que tienen como objetivo identificar y clasificar estos recursos para su posterior explotación. Entre los principales recursos de interés para la industria, se encuentran los minerales y compuestos orgánicos presentes bajo la superficie de la tierra, tales como metales, hidrocarburos, agua, entre otros. Se pueden encontrar distintos métodos de prospección geofísica, con los que se busca inferir la estructura geológica del subsuelo a través de la medición de las propiedades físicas de los materiales, tales como su resistividad eléctrica, densidad, susceptibilidad magnética y velocidad de propagación de ondas sísmicas, entre otras. La prospección sísmica emplea ondas elásticas que se propagan a través del terreno y son generadas de forma natural o artificial, lo cual hace posible reconstruir imágenes del subsuelo con información sobre la morfología y propiedades de los materiales que lo conforman.

La interferometría sísmica es una herramienta que permite obtener información sobre las propiedades elásticas y morfológicas de la tierra, a través de la correlación cruzada de trazas sísmicas de las ondas acústicas que viajan en el subsuelo (Schuster, 2008). Las trazas correlacionadas son sumadas y migradas para obtener la imagen del subsuelo, a este proceso se le denomina migración interferométrica.

Se han desarrollado gran variedad de métodos exploratorios de prospección y migración que ofrecen alternativas para la obtención de imágenes sísmicas que permitan realizar una explotación eficiente de los recursos (Margrave, 2005). En el desarrollo de este trabajo se busca profundizar en la pregunta:

¿La interferometría sísmica es una herramienta eficiente de reconstrucción de la imagen de modelos sintéticos complejos?

1.2. Justificación

Los avances de las técnicas de prospección y exploración sísmica para la obtención de imágenes del subsuelo, son utilizados por la industria del petróleo. Por esta razón es de interés para este sector, el estudio y desarrollo de nuevas técnicas que permitan determinar con exactitud y definición las imágenes de las capas del subsuelo, siendo una estrategia para optimizar los recursos de explotación.

Algunas ventajas de la interferometría sísmica, tales como iluminación subsuperficial más amplia, mejor resolución espacial, eliminación estática de la fuente, interpolación de datos y la reubicación virtual de receptores y fuentes a ubicaciones más cercanas del objetivo, hacen de interés el estudio de la técnica en la solución de modelos sintéticos complejos, con el fin de obtener una herramienta adicional en la construcción de imágenes de calidad que representen correctamente la estructura geológica del subsuelo.

1.3. Objetivos

1.3.1. Objetivo general

Realizar un estudio y modelación numérica de la interferometría sísmica usando modelos geológicos sintéticos, y mediante migración interferométrica obtener la imagen de las capas geológicas.

1.3.2. Objetivos específicos

Los objetivos específicos que contribuyen a lograr el objetivo general son:

✓ Adaptar y/o desarrollar algunos algoritmos de modelación numérica de la interferometría sísmica usando modelos geológicos sintéticos.

✓ Obtener la imagen de las capas reflectoras del subsuelo sintético mediante la técnica de migración interferométrica.

✓ Análisis comparativo entre los resultados de la interferometría sísmica con los obtenidos mediante otras técnicas de reconstrucción de imagen del subsuelo.

Para consolidar estos objetivos, se realizó una adaptación de algoritmos computacionales para la implementación de la modelación numérica del método de interferometría sísmica. Se utilizaron modelos sintéticos complejos, principalmente en configuraciones de perfil sísmico vertical (VSP). En el marco teórico, se desarrolló un estudio general de la técnica y su descripción matemática. En el análisis y resultados se realizaron adaptaciones de algoritmos para la construcción de modelos sintéticos simples y complejos, la generación de las trazas sísmicas y la reconstrucción de las imágenes por migración interferométrica en MATLAB y Seismic Unix (SU). Y por último, se presentan imágenes del subsuelo obtenidas por el método de migración interferométrica y se comparan con imágenes obtenidas por los métodos de migración PS y RTM.

2. MARCO TEÓRICO

2.1. Exploración sísmica

La exploración sísmica se centra en el estudio de la propagación de las ondas sísmicas a través del subsuelo permitiendo la caracterización de su morfología y propiedades desde la superficie hasta algunos kilómetros en profundidad. Las fuentes de estas ondas sísmicas pueden ser pasivas, cuando son producidas de manera natural y tienen una larga duración, o activas con una duración mucho más corta producidas natural o artificialmente. Para este estudio, consideraremos fuentes activas de ondas sísmicas, tales como las producidas por explosivos de alta energía, camiones vibradores, martillos de impacto, rifles sísmicos y explosivos de baja energía. Para la descripción de la propagación de estas perturbaciones a través del subsuelo, se utiliza la mecánica de medios continuos y la teoría de propagación de ondas en medios elásticos (Yilmaz, 2000).

2.1.1. Ondas sísmicas

Una perturbación de energía en un medio elástico, ya sea de fuente activa o pasiva, se puede considerar de naturaleza ondulatoria. Para ondas monocromáticas, se puede analizar teniendo en cuenta los siguientes conceptos:

- **Periodo de una onda**: es el intervalo de tiempo en el que la amplitud de la onda se repite.

- **Longitud de onda**: distancia en la que se repite la perturbación en la dirección de propagación.

- **Amplitud de una onda**: separación máxima del punto de equilibrio.

- **Frecuencia de una onda**: número de veces que se repite la amplitud por segundo.

Existen dos tipos de ondas sísmicas: las ondas de cuerpo o internas (ondas P y S), y las de superficie (ondas Rayleigh y ondas Love).

Ondas P: conocidas también como ondas primarias, son ondas longitudinales que dilatan y comprimen el medio alternadamente en la dirección de propagación. Son aproximadamente 1.73 veces más rápidas que las ondas S y viajan a través de cualquier tipo de material liquido o solido (Figura 2.1) (Wysession, 2003).

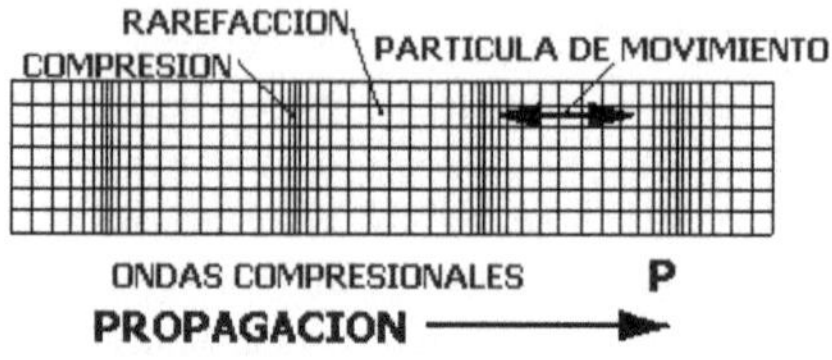

Figura 2. 1. Ondas compresionales u ondas P

Ondas S: son ondas secundarias, transversales o de corte. Desplazan el suelo en la dirección perpendicular a la dirección de propagación alternadamente, viajan solo en medios sólidos y tienen mayor amplitud que las ondas P (Figura 2.2) (Wysession, 2003).

Figura 2. 2. Ondas transversales u ondas S

Ondas Rayleigh: estas se generan en la superficie libre de la tierra y allí adquieren su máxima amplitud y decrece con la profundidad. En el desplazamiento del suelo se presenta un movimiento elíptico retrogrado y su velocidad de propagación es de casi 90% de las ondas S (Figura 2.3) (Wysession, 2003).

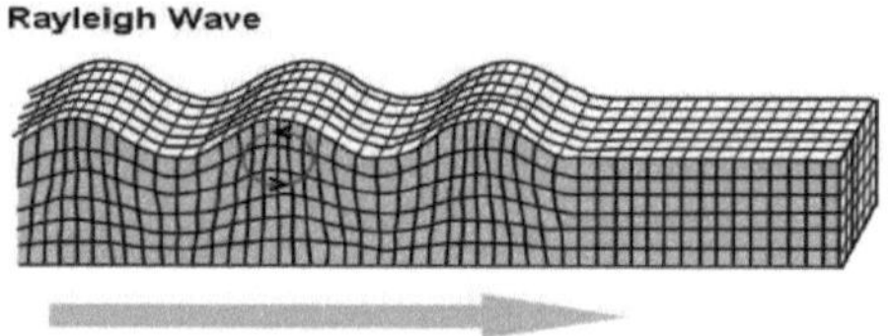

Figura 2. 3. Ondas Rayleigh.

Ondas Love: son ondas superficiales que producen un movimiento horizontal de corte en superficie. Se propagan con un movimiento perpendicular a la dirección de propagación, como las ondas S, sólo que polarizadas en el plano de la superficie de la Tierra y al igual que las ondas Rayleigh su amplitud decrece con la profundidad (Figura 2.4) (Wysession, 2003).

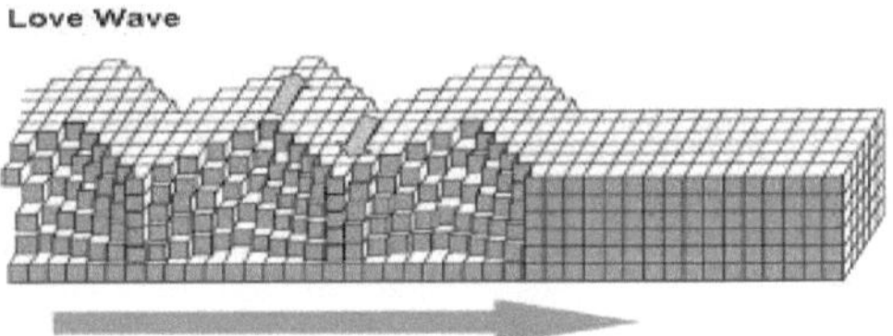

Figura 2. 4. Onda Love.

2.1.2. Adquisición de datos sísmicos

Un levantamiento de datos sísmicos está compuesto por una o varias fuentes impulsivas, y un conjunto de receptores (por ejemplo; geófonos o hidrófonos), que se pueden disponer en varias configuraciones. El fin es registrar la vibración provocada por las perturbaciones, registrando los movimientos producidos por las reflexiones de las ondas en las interfaces de los estratos geológicos, que tienen propiedades elásticas diferentes y por lo tanto, velocidades de propagación diferentes. Las fuentes para generar las ondas elásticas artificiales pueden ser producidas por explosivos, martillos, vibradores en tierra o pistolas de aire en agua, entre otros.

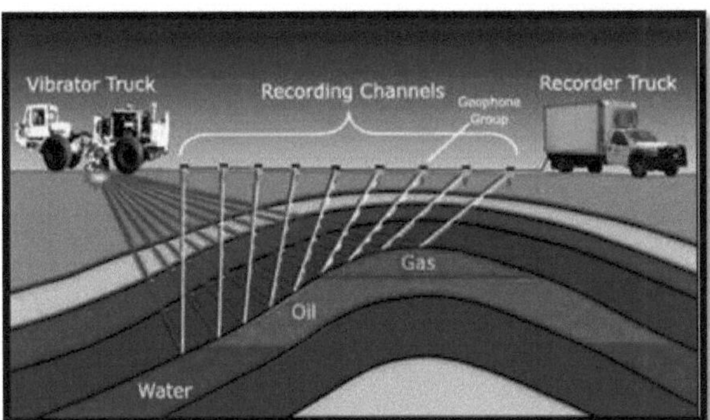

Figura 2. 5. Sistema de adquisición sísmica. Tomada de:
http://petroleomundo.blogspot.com/2015/03/que-es-una-exploracion-sismica.html

Una de las configuraciones más comunes es la mostrada en la Figura 2.5, donde se dispone de un tendido de geófonos en la superficie con los que se registra la respuesta geológica del suelo ante un pulso de energía provocado por una fuente artificial (camión vibrador en la imagen). A la información recolectada en los geófonos se les conoce como trazas sísmicas, datos sísmicos o sismogramas, y son recolectados y grabados en dispositivos de almacenamiento.

De forma similar que las ondas en óptica, las ondas en prospección sísmica sufren fenómenos como dispersión, difracción, refracción y reflexión. La dispersión se presenta por la descomposición frecuencial de las ondas en la propagación en el medio. La difracción ocurre cuando la onda llega a una irregularidad o singularidad en el medio, así como picos o discontinuidades abruptas, la energía se divide y viaja en varias direcciones. Cuando la onda atraviesa una interface, presenta un cambio en la dirección de propagación debida al cambio de la velocidad, a esto se le denomina refracción. Un caso especial de la refracción, se presenta cuando el ángulo de incidencia coincide con el ángulo crítico y aparecen las ondas críticamente refractadas (*head waves*). La onda reflejada es la porción de la energía de la onda incidente a la interface que no cambia de medio y cambia de dirección de propagación. Para entender mejor la naturaleza de la propagación de las ondas sísmicas, se describen teniendo en cuenta el principio de Huygens, el principio de Fermat y la ley de Snell.

El principio de Huygens establece que cada punto del frente de onda que se propaga sirve como una fuente puntual de ondas secundarias esféricas, de tal manera que el frente de onda en un tiempo posterior es la envolvente de estas ondas generadas (Figura 2.6) (Hecht, 2017).

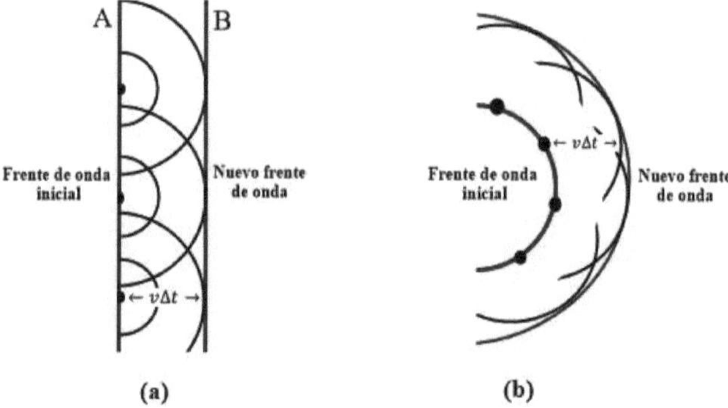

Figura 2. 6. Principio de Huygens para a) un frente de onda plano y b) un frente de onda esférico

Otro principio fundamental en el estudio de fenómenos ondulatorios es el principio de Fermat, que establece que la trayectoria por la que viaje un rayo será aquel camino en el que el tiempo de viaje sea mínimo (Hecht, 2017).

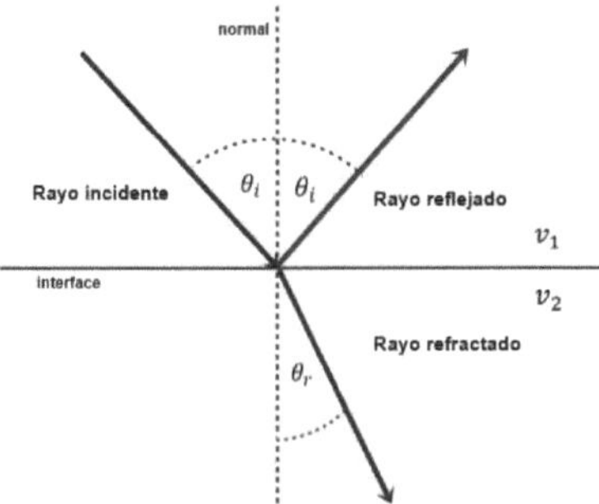

Figura 2. 7.Ley de Snell.

La ley de Snell o ley de refracción describe el cambio de dirección que experimenta una onda que incide oblicuamente sobre una interfaz y pasa a otro material con propiedades de propagación distintas. La energía de la onda incidente se divide en una porción que es reflejada y otra que es transmitida al segundo medio dependiendo de la diferencia de impedancia de los medios.

Si se considera un rayo perpendicular a un frente de onda, que incide con un ángulo de incidencia θ_i sobre la interface, se difractara al segundo medio con un ángulo θ_r (Figura 2.7). Esto se representa en la siguiente expresión:

$$\frac{\sin \theta_i}{v_1} = \frac{\sin \theta_r}{v_2}.$$

2.1

Donde v_1 y v_2 son las velocidades de propagación de las onda P en el medio 1 y 2 respectivamente. La ecuación 2.1 es conocida como la ley de Snell (Hecht, 2017).

2.2. Interferometría sísmica

En analogía a la interferometría óptica, donde se utilizan los patrones de interferencia de ondas de luz que inciden en un objetó para amplificar sus propiedades ópticas, la interferometría sísmica utiliza ondas sísmicas para determinar las propiedades del subsuelo. Los patrones de interferencia se obtienen mediante la correlación entre las trazas sísmicas con lo que se obtiene una imagen con la información de las propiedades de la tierra (Schuster, 2009).

A continuación se define la función de Green y su rol en el desarrollo del análisis de la interferometría sísmica para el caso unidimensional y bidimensional de la onda directa y reflejada respectivamente.

2.2.1 Función de Green

La interferometría sísmica utiliza la respuesta del medio a una perturbación originada por una fuente o una distribución de fuentes. La función acústica de Green en 3D es la respuesta a una fuente puntual impulsiva en un medio acústico. En el dominio de la frecuencia satisface la ecuación de Helmholtz en 3D para un medio acústico arbitrario y lineal con densidad constante (Morse, 1953):

$$(\nabla^2 + k^2)G(\mathbf{g}|\mathbf{s}) = -\delta(\mathbf{s} - \mathbf{g}), \qquad\qquad 2.2$$

donde $k = \omega/v(\mathbf{g})$, $\mathbf{s}$ son las coordenadas de la fuente, la diferenciación es con respecto a las coordenadas del receptor $\mathbf{g}$, y $\delta(\mathbf{s} - \mathbf{g}) = \delta(x_s - x_g)\delta(y_s - y_g)\delta(z_s - z_g)$ es un Delta de Dirac que representa la forma de una fuente impulsiva. Hay dos soluciones independientes para esta ecuación diferencial parcial de segundo orden (PDE): una función de Green causal (es decir, saliente) $G(\mathbf{g}|\mathbf{s})$ y la función de Green acausal (es decir, entrante) $G(\mathbf{g}|\mathbf{s})^*$, donde el asterisco en la función de Green indica complejo conjugado.

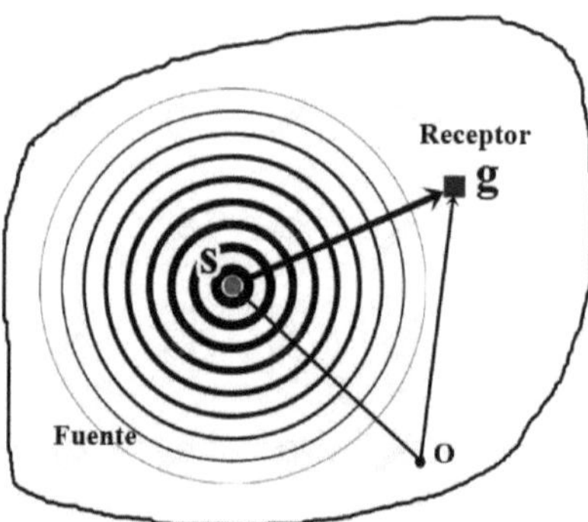

Figura 2. 8. Configuración fuente-receptor. Donde s es posición de la fuente, g la poción del receptor y O el origen.

En el Apéndice A se discute como la función de Green causal, para un medio homogéneo con velocidad v, que es solución de la ecuación 2.2, viene dada por

$$G(\mathbf{g}|\mathbf{s}) = \frac{1}{4\pi}\frac{e^{ikr}}{r},$$

2.3

e^{ikr} es el núcleo de Fourier para la transformada inversa de Fourier, el número de onda es $k = \omega/v$, $r = |\mathbf{g} - \mathbf{s}|$, y $1/r$ representa la divergencia geométrica (Figura 2.8). La interpretación de la función de Green 3D es que es la respuesta acústica medida en $\mathbf{g}$ para una fuente puntual de oscilación armónica ubicada en $\mathbf{s}$. Se debe tener en cuenta que las ubicaciones de la fuente y el receptor se pueden intercambiar de modo que $G(\mathbf{g}|\mathbf{s}) = G(\mathbf{s}|\mathbf{g})$, que es consistente con el principio de reciprocidad (Morse, 1953). Esto dice que una traza de presión registrada en la posición A excitada por una fuente en B será la misma que la traza ubicada en B para una excitación de fuente en A (Schuster, 2009).

2.2.2. Análisis 1D de la interferometría de onda directa

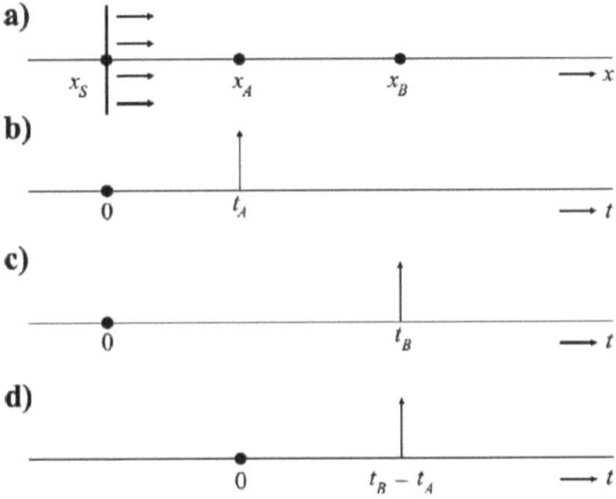

Figura 2. 9. Un ejemplo 1D de interferometría de onda directa. (a) Frente de onda que se desplaza hacia la derecha a lo largo del eje x, emitida por una fuente impulsiva en x_s y $t = 0$. (b) La respuesta observada por un receptor en x_A. Esta es la función de Green $G(x_A, x_s, t)$. (c) Como en (b) pero para un receptor en x_B. (d) correlación cruzada de las respuestas en x_A y x_B. Esto se interpreta como la respuesta de una fuente en x_A, observada en x_B, es decir, $G(x_B, x_A, t)$. Tomada de *(Wapenaar, 2010)*.

La situación más sencilla de la interferometría sísmica se da para el caso unidimensional de la onda directa en un medio acústico sin perdidas. Se plantea el esquema mostrado en la Figura 2.9, donde la respuesta sísmica de una fuente ubicada en x_s es registrada por dos receptores A y B ubicados en x_A y x_B respectivamente. Se considera un frente de onda, irradiado por una fuente de pulso unitario, que se desplaza hacia la derecha del eje x con velocidad v constante en un medio sin pérdidas (Wapenaar, 2010).

La respuesta registrada por el receptor A (Figura 2.9b) es denotada como $G(x_A, x_s, t)$, del mismo modo denotamos la respuesta registrada en el receptor B como $G(x_B, x_s, t)$ (Figura 2.9c), donde G denota la función de Green. Las dos primeras coordenadas de la función de Green, representan coordenadas de fuentes y receptores, mientras que la última representa tiempo o frecuencia.

Para el ejemplo, la función de Green en A consiste en un impulso en $t_A = (x_A - x_s)/v$ y de modo similar en B, por lo que:

$$G(x_A, x_s, t) = \delta(t - t_A) \text{ Respuesta registrada en A por la señal originada en s,}$$
$$G(x_B, x_s, t) = \delta(t - t_B) \text{ Respuesta registrada en B por la señal originada en s.}$$

La interferometría sísmica envuelve la correlación cruzada de las respuestas de los dos receptores, para obtener la función de Green entre las estaciones. Observando la Figura 2.9, se puede apreciar que los registros en los receptores A y B, tienen una trayectoria en común de x_s a x_A. El proceso de correlación cruzada entre estas dos respuestas, cancela los tiempos de viaje de esta trayectoria en común, dejando solo el tiempo de la trayectoria restante, lo que da como resultado un pulso en $t_B - t_A = (x_B - x_A)/v$ (Figura 2.9d). Esto se puede interpretar como la respuesta de una fuente originada en la posición x_A y registrada en x_B; tal como si la posición de la fuente fuera la posición del primer receptor en A. Algo importante a resaltar es que se genera la función de Green entre ambas estaciones, sin necesidad de conocer la velocidad de propagación ni la posición original de la fuente en x_s, tampoco cuanto tiempo necesito para viajar desde esa posición hasta el primer receptor. Solo interesa la distancia entre los dos receptores donde uno de ellos actúa como *"fuente virtual"* (Wapenaar, 2010).

En la Figura 2.10 se muestra la correlación cruzada de dos trazas sintéticas de la configuración mostrada en la Figura 2.9, la cual tiene una corrección estática equivalente a la reubicación virtual o *redatuming* de la fuente a la posición x_A y registrada en x_B. Dicho de otro modo, el resultado de la correlación de las trazas registradas en A y B solo contiene el tiempo de viaje entre ambos receptores, donde el tiempo de viaje en común desde la fuente al primer receptor se ha eliminado. Esto permite que se pueda construir la respuesta del medio (función de Green) entre los dos receptores, despreciando la información antes del primer receptor, como la velocidad del medio y la posición original de la fuente real.

Para describir lo anterior de forma matemática, se utilizan las operaciones de correlación ($\otimes$) y convolucíon ($*$) (ver apéndice A). Asociando $f(t)$ a $G(x_A, x_s, t)$ y $g(t)$ a $G(x_B, x_s, t)$, al aplicar la correlación cruzada se tiene:

$$G(x_A, x_s, t) \otimes G(x_B, x_s, t) = G(x_A, x_s, t) * G(x_B, x_s, -t). \qquad 2.4$$

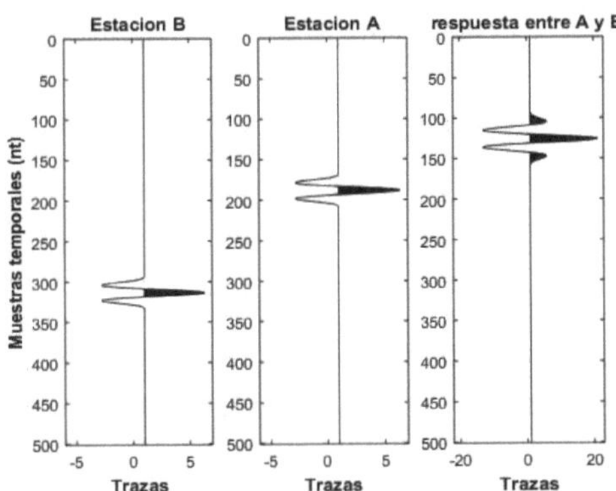

Figura 2. 10. De izquierda a derecha: traza de la onda directa en el receptor B, traza en el receptor A y respuesta interferométrica entre los receptores A y B. Escala de tiempo en unidades temporales $nt = {}^{t}/_{\Delta t}$ con $t = 2$ y $\Delta t = 0.004$.

Escribiendo lo anterior en la integral de convolucíon y utilizando las definiciones de las funciones de Green definidas anteriormente, $G(x_A, x_s, t) = \delta(t - t_A)$ y $G(x_B, x_s, t) = \delta(t - t_B)$, queda:

$$G(x_A, x_s, t) * G(x_B, x_s, -t) = \int_{-\infty}^{\infty} G(x_A, x_s, t')G(x_B, x_s, t' + t)\, dt' \qquad 2.5$$

$$G(x_A, x_s, t) * G(x_B, x_s, -t) = \int_{-\infty}^{\infty} \delta(t' - t_A)\delta(t' - t_B + t)\, dt'\,.$$

Esta última integral se resuelve utilizando la formula integral del Delta de Dirac $\int_{-\infty}^{\infty} f(x)\,\delta(x - a)dx = f(a)$, con lo que se obtiene:

$$\int_{-\infty}^{\infty} \delta(t' - t_A)\delta(t' - (t_B - t))\, dt' = \delta(t_B - t - t_A) = \delta(-t + (t_B - t_A)). \qquad 2.6$$

Esta última expresión es la función de Green que describe la propagación de las ondas entre los receptores A y B, $G(x_B, x_A, t)$. Por lo tanto,

$$G(x_B, x_A, t) = G(x_A, x_s, t) * G(x_B, x_s, -t). \qquad 2.7$$

La ecuación 2.7 describe la respuesta sísmica originada por una fuente virtual reubicada en x_A y que es registrada en x_B, donde se aprecia que no es necesario conocer la posición de la fuente original ni el tiempo en el que se generó este impulso. Esta ecuación también es conocida como función de Green recuperada entre los receptores A y B (Wapenaar, 2010).

La función fuente no siempre es un impulso, se pueden asumir otras funciones que describen diferentes tipos de señal. Definiendo $s(t)$ una señal cualquiera, la respuesta en los receptores A y B se describen respectivamente como $u(x_A, x_s, t) = G(x_A, x_s, t) * s(t)$ y $u(x_B, x_s, t) = G(x_B, x_s, t) * s(t)$, de este modo la ecuación 2.7 queda expresada de la siguiente forma:

$$G(x_B, x_A, t) * S_s(t) = u(x_A, x_s, t) * u(x_B, x_s, -t). \qquad 2.8$$

Esto significa, que para el caso en el que la fuente es una función de onda cualquiera, en vez de un impulso, la respuesta entre las dos estaciones da como resultado la función de Green entre ambas estaciones convolucionada con la autocorrelación de la función de la fuente $S_s(t) = s(t) * s(-t)$ (correlación de una función con si misma).

Lo anterior funciona para cualquier función fuente, incluyendo cuando ésta es ruido. En un ejemplo sintético, donde la fuente es una fuente de ruido $N(t)$, que tiene una frecuencia central de 30Hz, la distancia entre los receptores es de 1200 m y la velocidad de propagación es de 2000 m/s. el resultado de la correlación de los registros de dos estaciones A y B se muestran en la Figura 2.11.

La respuesta de la fuente ubicada en x_s y registrada en x_A, se muestra en 2.11a. En 2.11b se muestra el registro de la segunda estación en x_B y en 2.11c se muestra la correlación de ambos registros.

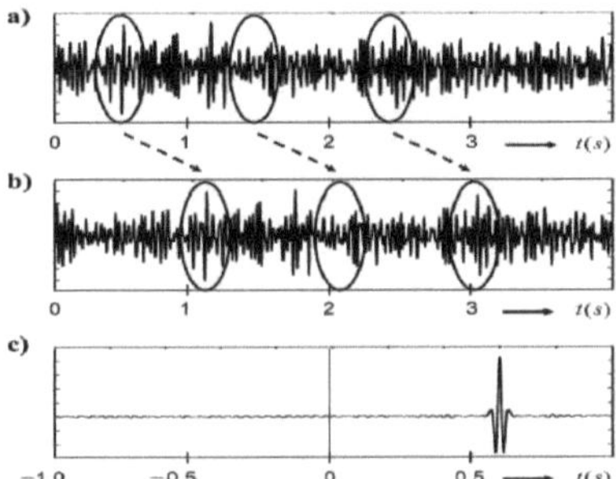

Figura 2. 11. a) registro de una fuente de ruido en el receptor A, b) en el receptor B y c) correlación cruzada de los registros. Los círculos resaltan partes de la señal que son iguales, de este modo se identifica la diferencia en el tiempo de los registros en los receptores A y B. Dada la distancia entre estaciones y la velocidad de las ondas, en este caso el impulso de la función de Green entre las estaciones será a los 0.6s. Tomada de *(Wapenaar, 2010)*.

La respuesta en x_A es $u(x_A, x_s, t) = G(x_A, x_s, t) * N(t)$, del mismo modo la respuesta en x_B seria $u(x_B, x_s, t) = G(x_B, x_s, t) * N(t)$ y la respuesta resultante de la correlación cruzada entre ambas sería $G(x_B, x_A, t) * S_N(t)$, donde $S_N(t)$ es la autocorrelación del ruido de la fuente. Teniendo en cuenta la distancia entre los receptores y la velocidad de propagación se puede ver que el tiempo de propagación entre ambas estaciones es de 0.6s.

Ahora, se considera un frente de una onda que viaja hacia la izquierda del eje x, cuya fuente se encuentra a la derecha del receptor B en una posición x'_s (Figura 2.12), realizando el procedimiento desarrollado anteriormente se obtiene:

$$G(x_B, x_A, -t) = G(x_A, x'_s, t) * G(x_B, x'_s, -t). \qquad 2.9$$

El signo negativo en la función de Green resultante, denota la dirección de propagación
de la onda hacia la izquierda del eje x.

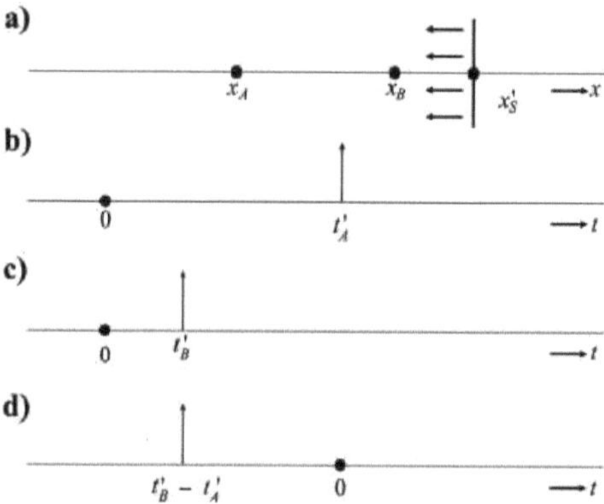

Figura 2. 12. Frente de onda viajando hacia la izquierda desde x'_s. d) correlación cruzada, función de
Green de tiempo inverso. Tomada de *(Wapenaar, 2010)*

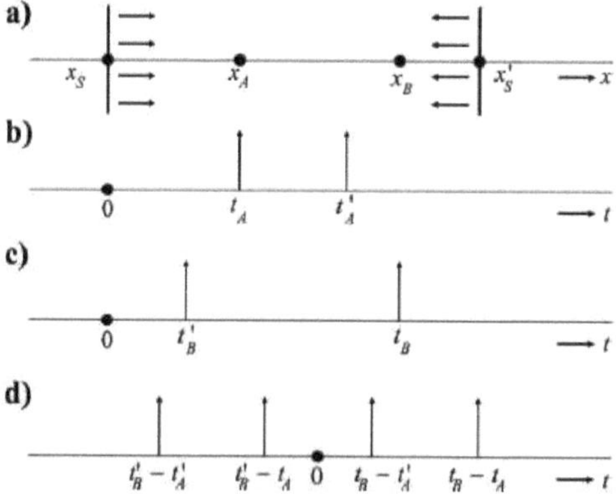

Figura 2. 13. Fuentes en x_s y x'_s actuando simultáneamente. d) correlación cruzada de los registros
simultáneos. Tomada de *(Wapenaar, 2010)*.

Si se consideran las dos fuentes x_s y x_s' actuando simultáneamente (Figura 2.13), se tiene:

$$G(x_B, x_A, t) + G(x_B, x_A, -t) = \sum_{i=1}^{2} G(x_A, x_s^i, t) * G(x_B, x_s^i, -t),\qquad 2.10$$

Donde $i = 1,2$ en x_s^i representan x_s y x_s', respectivamente.

La funciones de onda originadas por las fuentes x_s y x_s', se encuentran actuando simultáneamente y viajan en sentidos opuestos, por lo que en un punto de su viaje interaccionan, esto hace que las fuentes estén correlacionadas. Se puede notar que los impulsos $(t_B' - t_A)$ y $(t_B - t_A')$ son términos cruzados de la correlación y asumen que las fuentes x_s y x_s' no están correlacionadas, lo que hace que no tengan significado físico. También se puede ver que no hay superposición entre las respuestas de los receptores en ambas fuentes dado que $G(x_B, x_A, t)$ es la respuesta causal de un impulso en $t = 0$, con valor diferente de cero para $t > 0$, y $G(x_B, x_A, -t)$ que es diferente de cero en $t < 0$. Por lo que $G(x_B, x_A, t)$ puede ser resuelta solo tomando la parte causal en el lado izquierdo de la ecuación 2.10.

Para el caso más general donde la fuente es una función de onda cualquiera $s(t)$, la respuesta simultánea en los receptores es:

$$\{G(x_B, x_A, t) + G(x_B, x_A, -t)\} * S_s(t) = \sum_{i=1}^{2} u(x_A, x_s^i, t) * u(x_B, x_s^i, -t).\qquad 2.11$$

En este caso, puede existir superposición entre $G(x_B, x_A, t) * S_s(t)$ y $G(x_B, x_A, -t) * S_s(t)$ para valores pequeños de $|t|$, dependiendo también de la longitud de la función de autocorrelación $S_s(t)$. Entonces $G(x_B, x_A, t) * S_s(t)$ puede calcularse de la parte izquierda de la ecuación 2.11, a excepción de cuando $|t|$ sea muy pequeño, lo cual ocurre cuando $|x_B - x_A|$ es una distancia pequeña. El orden correcto en los miembros derechos de las ecuaciones 2.10 y 2.11 es, primero aplicar la correlación cruzada a las respuestas de cada fuente separadamente y luego se realiza la suma sobre el número de fuentes. Para fuentes impulsivas o transitorias, este orden no debe ser cambiado (Wapenaar, 2010).

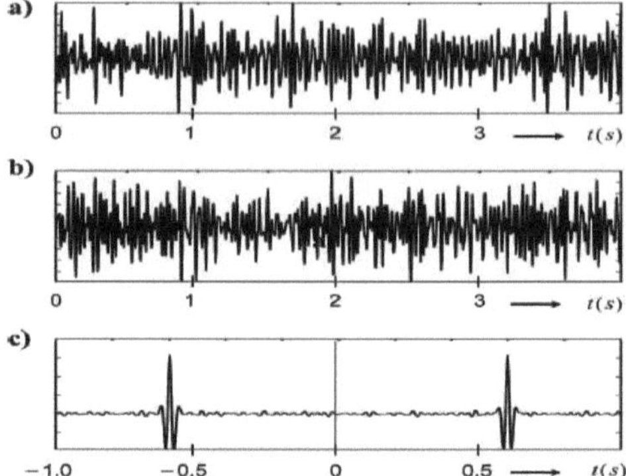

Figura 2. 14. Fuentes de ruido sísmico en a) x_s y b) x'_s actuando simultáneamente. c) correlación cruzada de los registros simultáneos. Tomada de *(Wapenaar, 2010)*.

En el caso de fuentes de ruido, es diferente al de fuentes impulso, dado que las respuestas en cada receptor son la superposición de ondas viajando a la derecha y a la izquierda, se supone que las fuentes de ruido no están correlacionadas, $\delta_{ij}S_N(t) = \langle N_j(t) * N_i(-t)\rangle$ donde δ_{ij} es el Delta de Kronecker. Por lo que el orden para este caso es de registrar las respuestas de las dos fuentes en cada receptor, se suman y luego se correlacionan. Esto es:

$$\langle u(x_A, x_s^i, t) * u(x_B, x_s^i, -t)\rangle$$

$$= \left\langle \sum_{i=1}^{2}\sum_{j=1}^{2} G(x_B, x_s^j, t) * N_j(t) * G(x_A, x_s^i, -t) * N_i(-t)\right\rangle \quad 2.12$$

$$\langle u(x_A, x_s^i, t) * u(x_B, x_s^i, -t)\rangle = \{G(x_B, x_A, t) + G(x_B, x_A, -t)\} * S_N(t).$$

La ecuación 2.12 muestra que la correlación cruzada de dos registros de ruido sísmico tomados en x_A y x_B, da como resultado la función de Green entre los dos receptores sumada con su invertida en el tiempo y correlacionada con la autocorrelación del ruido sísmico.

2.2.3. Análisis 2D y 3D de la interferometría de onda directa

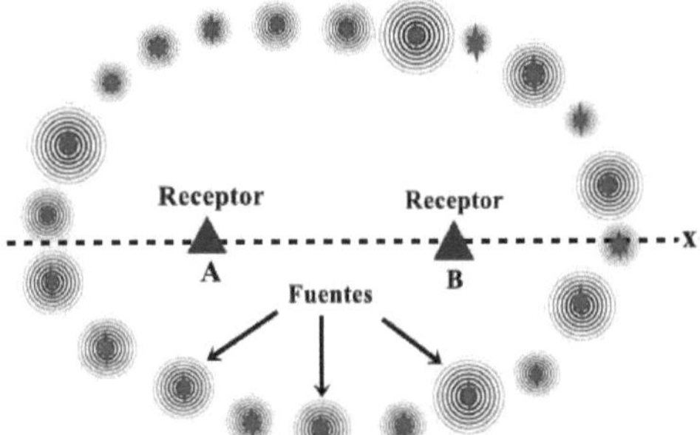

Figura 2. 15. Múltiples fuentes actuando sobre dos receptores A y B ubicados en una línea inter-estacionaria.

Se puede extender la discusión de interferometría de onda directa a configuraciones con más dimensiones y múltiples fuentes. En una configuración de dos receptores colocados sobre el eje horizontal en un medio isótropo no dispersivo (Cuando la velocidad de propagación de las ondas es la misma para todas las frecuencias se dice que el medio es no dispersivo), rodeados por un anillo de fuentes puntuales (Figura 2.15). Los registros en ambos receptores muestran que las ondas directas con menor tiempo de llegada, serán las de aquellas fuentes ubicadas más cerca del eje horizontal sobre el que están colocadas, y serán las que mayor contribución tengan a la correlación cruzada. De lo anterior se puede concluir, que para cualquier configuración geométrica compleja de fuentes alrededor de dos estaciones, solo se reduce a la respuesta de las fuentes ubicadas en la zona de Fresnel o cercanas a la zona de la línea inter-estacional donde se encuentran los receptores, las cuales contribuyen en mayor parte con la correlación. Lo mismo aplica para una configuración 3D, solo que en ese caso la zona de Fresnel es un volumen que contiene a los dos receptores y es simétrico con respecto a la línea inter-estacional (Wapenaar, 2010).

Como ejemplo se estudia la configuración mostrada en la Figura 2.16a, donde los receptores se encuentran sobre la línea punteada en la dirección del eje x, rodeados por fuentes puntuales que emiten señales transitorias de frecuencia 30Hz. Las coordenadas de las fuentes puntuales se denotan por las coordenadas polares (r_s, ϕ_s), con $2000m < r_s < 3000m$, escogida desde el centro del esquema de la Figura 2.16a y con separación de muestreo de las fuentes de $\phi_s = 0.25°$. Los registros conseguidos en los receptores A y B se muestran en las Figuras 2.16b y 2.16c respectivamente, en función de la coordenada angular ϕ_s y t. En la Figura 2.16d se ven las respuestas correlacionadas para cada fuente en función también de la coordenada ϕ_s.

Teniendo en cuenta que se está suponiendo un medio no dispersivo, las ondas que van a tener menor tiempo de llegada a los receptores serán las ondas directas, provenientes de las fuentes ubicadas en las posiciones cercanas a $\phi_s = 0°$ para el receptor A, y $\phi_s = 180°$ para el receptor B. esto se puede verificar en las gráficas 2.16b y 2.16c donde se aprecia que los primeros registros en los receptores A y B se dan para $t = 0.6s$ y $t = -0.6s$, respectivamente. Sumando las trazas que fueron correlacionadas para cada fuente de la Figura 2.16d se obtiene la Figura 2.16e, y si se calcula la correlación cruzada de las fuentes actuando de forma simultanea se obtiene 2.16f, que muestran una respuesta simétrica en el tiempo $t = 0.6s$ y $t = -0.6s$.

Las zonas marcadas con líneas discontinuas en las Figuras 2.16a y 2.16d, representan la zona de Fresnel, se denomina así a la zona entre la fuente y el receptor en la que el desfase de las ondas no supera los 180° y representa la intensidad de la propagación. Las fuentes que se encuentran en esta zona son las que tienen una mayor contribución a la correlación cruzada, mientras que las fuentes que se encuentran fuera de esta zona interfieren de forma destructiva, anulándose entre sí, haciendo que su contribución a la correlación no sea coherente. Las fuentes cercanas a las coordenadas $\phi_s = 0°$ y $\phi_s = 180°$ juegan un rol similar al de las fuentes x_s y x_s' respectivamente, en la configuración de la Figura 2.13, lo que quiere decir que para cualquier configuración geométrica compleja de fuentes alrededor de dos estaciones, solo se reduce a la respuesta de las fuentes ubicadas en la zona de Fresnel o cercanas a la zona de la línea inter-estacional donde se encuentran los receptores, las cuales contribuyen en mayor parte con la correlación. Lo mismo aplica para una configuración 3D, solo que en ese caso la zona de Fresnel es un volumen que contiene a los dos receptores y es simétrico con respecto a la línea inter-estacional.

En el caso donde se estudia el ruido sísmico ambiental, se modela utilizando el mismo enfoque de múltiples fuentes, que se pueden asumir como fuentes igualmente espaciadas que emiten ruido sísmico no correlacionado. Las respuestas que se obtienen en los receptores, son la superposición de fuentes ambientales actuando de forma simultánea, por lo que no es necesaria la suma de las correlaciones de diferentes fuentes, debido a que los términos cruzados desaparecen (Wapenaar, 2010).

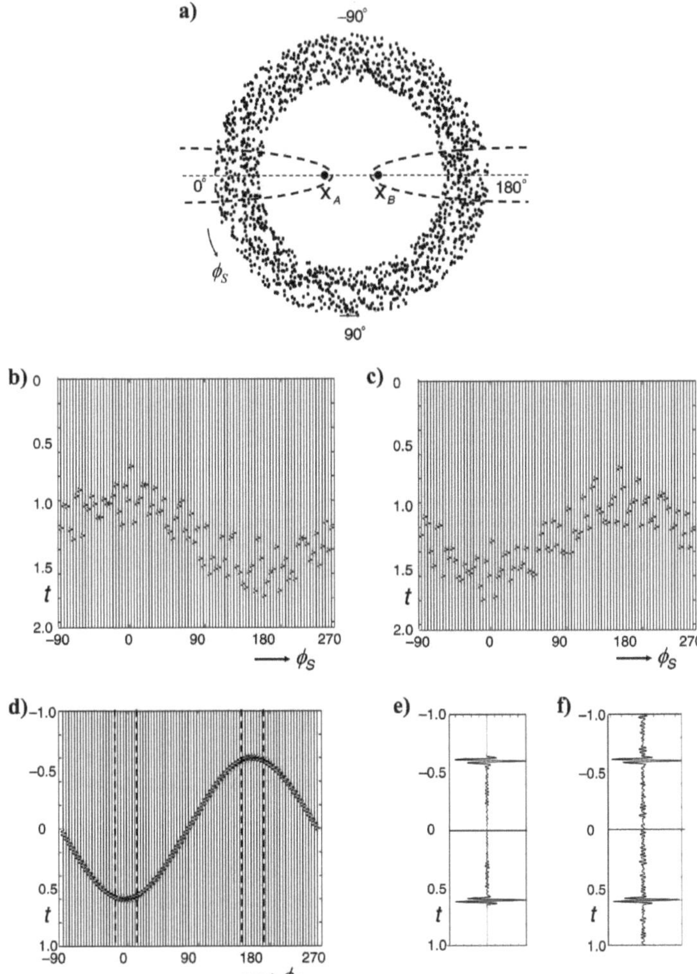

Figura 2. 16. Un ejemplo de interferometría de onda directa 2D. a) distribución de fuentes puntuales, iluminando isotrópicamente los receptores x_A y x_B. La línea punteada indica la zona de Fresnel. b) y c) Respuestas en los receptores x_A y x_B, respectivamente, en función de la coordenada polar de la fuente ϕ_S. d) Correlación cruzada de las respuestas en los receptores. Las líneas punteadas indica la zona de Fresnel. e) La suma de las correlaciones en d). f) Correlación de las respuestas en x_A y x_B de fuentes de ruido no correlacionadas actuando simultáneamente. Tomada de *(Wapenaar, 2010)*.

2.2.4. Análisis 1D de la interferometría de onda reflejada

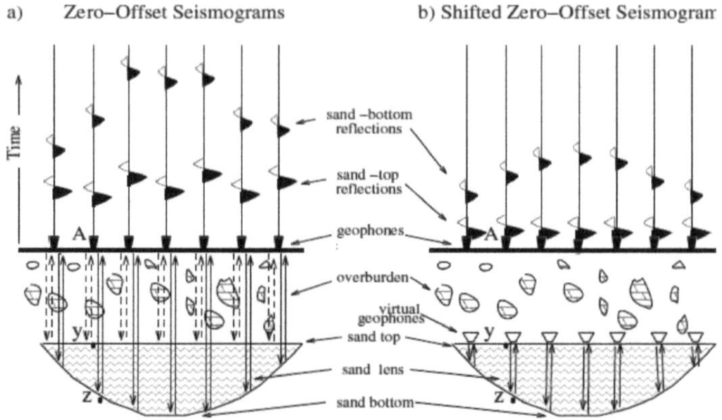

Figura 2. 17. a) Sismogramas de reflexión a ofset cero (con la fuente y el geófono en la misma posición) de una lente de arena bajo una sobrecarga inhomogénea que provoca variaciones temporales en cada traza. b) sismogramas de reflexión a cero-offset desplazados por el tiempo de viaje a la parte superior de la lente de arena, eliminando la sobrecarga estática. Tomada de *(Schuster, 2009)*.

Para ilustrar el caso de interferometría de onda reflejada en una dimensión, se considera un cuerpo sedimentario delgado y alargado en la dimensión horizontal conocido como lente de arena, que se encuentra bajo una sobrecarga compleja. Se registran trazas en una configuración de fuente-receptor a ofset cero (con la fuente y receptor en la misma poción), y se asume un modelo de propagación de onda 1D en la dirección vertical (Figura 2.17). El objetivo es determinar la geometría de la lente de arena utilizando los registros tomados.

Cada traza de la Figura 2.17a contiene dos eventos: una reflexión en la parte superior de la lente de arena, que es la que se registra primero y una reflexión en la parte inferior de la lente que se registra un tiempo después. Se puede notar que estas trazas en el sismograma se encuentran distorsionadas debido a las variaciones laterales de velocidad consecuencia de la sobrecarga del medio, también conocida como estática de sobrecarga. Para remover esta estática, el tiempo de viaje de la reflexión desde la posición de la fuente A, a la parte superior de la lente y y de regreso, es τ_{AyA}; este tiempo varía entre trazas debido a la estática de sobrecarga. Corriendo cada traza por τ_{AyA}, se obtiene el sismograma sin sobrecarga estática (Figura 2.17b), esto es equivalente a las trazas registradas por receptores y fuentes virtuales colocadas justo encima de la lente de arena donde se puede distinguir mejor su forma (Schuster, 2009).

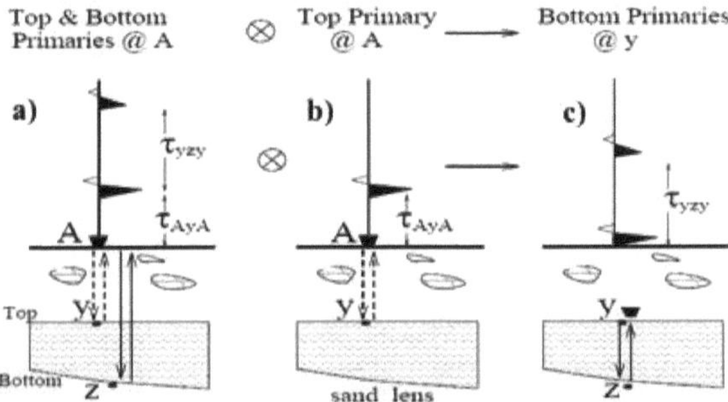

Figura 2. 18. El desplazamiento temporal de la traza de reflexión a la izquierda a) por τ_{AyA} produce la traza en la extrema derecha c). Este desplazamiento en el tiempo es cinemáticamente equivalente al registrado por un receptor debido a una fuente enterrados a la profundidad y. La operación de desplazamiento de tiempo es aproximadamente la misma que una correlación de las trazas de la izquierda a y del medio b. Tomada de *(Schuster, 2009)*.

Para una descripción matemática de lo anterior, se toma una traza de la Figura 2.17a y se muestra a la izquierda en la Figura 2.18a. En el centro de la Figura 2.18b está la traza que contiene el tiempo de viaje de la reflexión en la parte superior de la lente de arena, τ_{AyA}, que es utilizado para realizar el corrimiento de tiempo del sismograma de la izquierda y reubicar de forma virtual la fuente y el receptor tal como se muestra en el sismograma de la derecha de la Figura 2.18c, eliminando de esta manera la sobrecarga estática de la traza original (Schuster, 2009).

Si se considera una fuente impulsiva, tipo Delta de Dirac $\delta(t)$, la traza en la Figura 2.18a se representa por la expresión:

$$d(\mathbf{A}, t \mid \mathbf{A}, 0) = \delta\big(t - \tau_{AyA}\big) + \delta(t - \tau_{AzA}). \qquad 2.13$$

En este caso se asume un coeficiente de reflexión igual a la unidad y la onda directa es atenuada. La notación $d(\mathbf{A}, t \mid \mathbf{A}, 0)$ indica a la izquierda de la barra vertical las coordenadas del receptor y las de la fuente a la derecha, con el vector posición $\mathbf{A}$ para ambos y $t = 0$ para la fuente.

Para realizar el corrimiento en el tiempo de la traza de la Figura 2.18a y obtener la de la Figura 2.18c, donde se encuentran reubicadas la fuente y el receptor, justo arriba de la lente de arena y eliminar la sobrecarga estática, se realiza una autocorrelación de la ecuación 2.13, y se calcula su transformada de Fourier:

$$\frac{1}{2\pi}\mathcal{F}\{d(\mathbf{A},t|\,\mathbf{A},0) \otimes d(\mathbf{A},t|\,\mathbf{A},0)\} = D(\mathbf{A}|\mathbf{A})D(\mathbf{A}|\mathbf{A})^*$$
$$= \left| e^{i\omega\tau_{AyA}} + e^{i\omega\tau_{AzA}} \right| = 2 + 2\cos(\omega\tau_{yzy}),$$

$$2.14$$

donde $D(\mathbf{A}|\mathbf{A})$ es la transformada de Fourier de la traza en la ecuación 2.13, $D(\mathbf{A}|\mathbf{A})^*$ es su complejo conjugado, $\tau_{yzy} = 2|z - y|/v$, es el tiempo de viaje de ida y vuelta del punto y al punto z, v es la velocidad de las ondas P en la arena y $|z - y|$ es el grosor de la lente. La ecuación 2.14 es equivalente a calcular el interferograma obtenido con la fuente y el receptor sobre la lente de arena en y, que solo depende del tiempo de viaje a través del lente de arena τ_{yzy}; significa que este interferograma es sensible a cualquier cambio en la morfología de la lente de arena y brinda información de sus características (Schuster, 2009).

En algunos casos, es conveniente colocar las fuentes a profundidad con el objetivo de aumentar el acople de la energía de la explosión en el medio. Para el caso de N fuentes enterradas a profundidades Z_A, se tiene:

$$\Phi(\mathbf{B}|\mathbf{A}) = \sum_{Z_A} D(\mathbf{B}|\mathbf{A})D(\mathbf{B}|\mathbf{A})^*,$$

$$2.15$$

donde $\mathbf{A} = (x_A, y_A, z_A)$ es el vector posición de la fuente y $\mathbf{B} = (x_B, y_B, 0)$ es la posición del receptor justo arriba de la fuente. La función de correlación de la ecuación 2.15, se interpreta como los datos de reubicación virtual de la transformada de Fourier de:

$$\phi(\mathbf{B},t|\mathbf{A}) = N\left[\underbrace{2\pi\delta(t + \tau_{yzy})}_{\text{Acausal}} + \underbrace{4\pi\delta(t) + 2\pi\delta(t - \tau_{yzy})}_{\text{Causal}}\right].$$

$$2.16$$

La parte causal representa los datos generados por una fuente y registrados por un receptor justo arriba de la lente de arena, y son los datos utilizados para obtener la imagen de reflectividad del subsuelo por medio de migración sísmica (Schuster, 2009).

2.2.5. Análisis multidimensional de la interferometría de onda reflejada

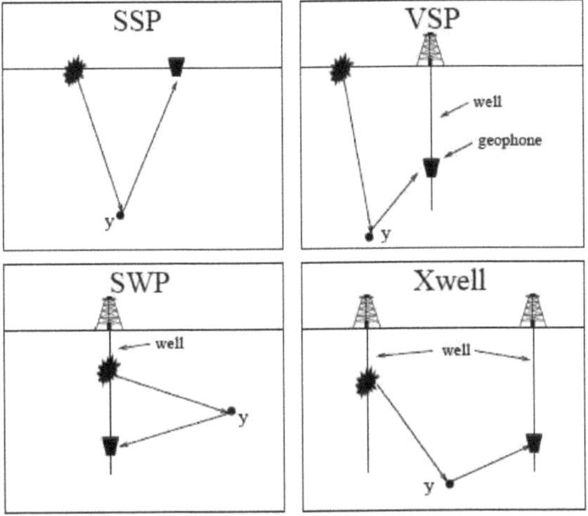

Figura 2. 19. Configuraciones fuente-receptor para cuatro experimentos diferentes. SSP: perfil sísmico superficial. VSP: perfil sísmico vertical. SWP: perfil sísmico de pozo simple. Xwell: perfil sísmico de pozos adyacentes (*crosswell*). Las estrellas representan fuentes, y representa un punto reflector y la torre indica la superficie del pozo. Tomada de *(Schuster, 2009)*.

En el caso de la interferometría de onda reflejada 1D, se asumía la fuente y el receptor en una misma ubicación, lo que se conoce como configuración a offset cero. Para el caso multidimensional de la interferometría de onda reflejada, se asumen modelos más realistas en los que los receptores se encuentran a distancia del receptor, por lo que la trayectoria de las ondas sísmicas para este caso viajan en dos o tres dimensiones. Algunas configuraciones de fuente-receptor son mostradas en la Figura 2.19.

Como ejemplo se estudia la configuración mostrada en la Figura 2.20, donde se realiza una transformación de datos VSP fantasma, donde un reflejo fantasma es una llegada desde el subsuelo que también se refleja en la superficie libre de la tierra, a datos SSP primarios, donde una reflexión primaria es aquella en la que una onda viaja hacia abajo hasta el reflector y regresa al receptor sólo una vez.

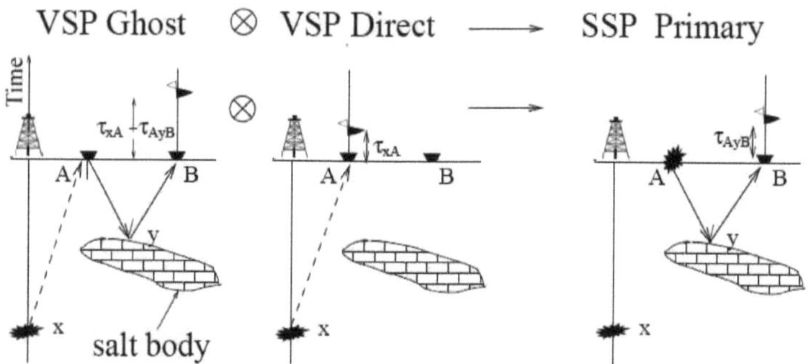

Figura 2. 20. Transformación de datos VSP fantasmas a SSP primarios. Tomada de *(Schuster, 2009)*.

La correlación de la llegada directa $d(\mathbf{A}, t|\mathbf{x}, 0)$ en A con la llegada fantasma $d(\mathbf{B}, t|\mathbf{x}, 0)^{ghost}$ en B, cancela el tiempo de viaje a lo largo de la trayectoria común xA y reubica de forma virtual la fuente y el receptor sobre la superficie. Esto lleva a una mejor iluminación de una mayor porción de tierra en comparación a la configuración normal de VSP, donde las fuentes o los receptores están confinados al pozo. En el ejemplo, se elige convenientemente la posición de la fuente en x, (que corresponde con la posición de fuente estacionaria), por tanto la trayectoria de x hasta A coincide en ambos rayos y para asegurar que esta posición sea encontrada, se realiza una suma de los registros correlacionados sobre todas las posibles posiciones de la fuente

$$d(\mathbf{B}, t|\mathbf{A}, 0) \approx \sum_{x \in S_{well}} d(\mathbf{A}, t|\mathbf{x}, 0) \otimes d(\mathbf{B}, t|\mathbf{x}, 0)^{ghost}. \qquad 2.17$$

Si la apertura de fuente-receptor es suficientemente grande, se asegura una correcta transformación de los datos de la Figura 2.20, y los registros que se encuentran fuera de fase tienden a desaparecer una vez sumadas (Schuster, 2009).

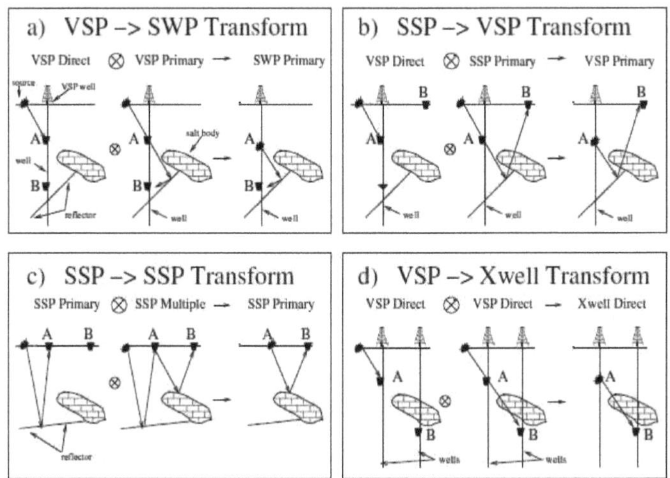

Figura 2. 21. Ejemplos de diferentes transformaciones de datos sísmicos. Tomada de *(Schuster, 2009)*.

La aproximación establecida en la ecuación 2.17 para transformar datos de VSP fantasma a SSP primarios, se puede extender a otras transformaciones. Los diagramas de rayos en la Figura 2.21, muestran las transformaciones de a) datos de perfil sísmico vertical VSP a datos de perfil de pozo simple SWP, b) datos de perfil sísmico superficial SSP a datos de perfil sísmico vertical VSP, c) datos de perfil sísmico superficial SSP de reflexión primaria a SSP, y d) de datos VSP a datos de perfil de pozos adyacentes. Al correlacionar las trazas obtenidas en los receptores A y B y sumar este resultado sobre las ubicaciones de la fuente, conducen a unas trazas con la configuración fuente-receptor reubicadas virtualmente más cerca del objetivo.

La función de Green (ec. 2.3) es la respuesta armónica en B para una fuente puntual impulsiva en A en un medio acústico. Esta se puede formular como una ecuación de reciprocidad del tipo de convolución o del tipo correlación. La ecuación de tipo convolución (ec. 2.18.), conduce a la relación de reciprocidad $G(\mathbf{B}|\mathbf{A}) = G(\mathbf{A}|\mathbf{B})$ cuando tanto A como B están dentro del volumen de integración. De lo contrario, la fórmula de convolución predice eventos de trayectoria larga a partir de la convolución de eventos de trayectoria más cortas. Una aplicación útil es predecir múltiplos de primarios, entre otros.

La ecuación de reciprocidad del tipo de convolucíon para un medio acústico arbitrario de densidad constante es:

$$G(\mathbf{B}|\mathbf{A}) - G_0(\mathbf{A}|\mathbf{B}) = \int_S \left[G_0(x|\mathbf{B})\frac{\partial G(x|\mathbf{A})}{\partial n_x} - G(\mathbf{x}|\mathbf{A})\frac{\partial G_0(x|\mathbf{B})}{\partial n_x} \right] d^2x, \qquad 2.18$$

El subíndice 0 en $G_0(\mathbf{A}|\mathbf{B})$, representa el campo de fondo (del inglés *background field*).

La ecuación de reciprocidad del tipo correlativo es la ecuación fundamental de la interferometría sísmica y es utilizada para realizar las transformaciones entre los diferentes tipos de datos:

$$G(\boldsymbol{B}|\boldsymbol{A}) - G(\boldsymbol{A}|\boldsymbol{B})^* = \int_S \left[G(x|\boldsymbol{B})^*\frac{\partial G(x|\boldsymbol{A})}{\partial n_x} - G(x|\boldsymbol{A})\frac{\partial G(x|\boldsymbol{B})^*}{\partial n_x} \right] d^2x, \qquad 2.19$$

donde * representa complejo conjugado. La ecuación 2.19, está constituida por funciones de Green causales y anticausales con la que se realiza la reconstrucción de la reflectividad del medio a través del proceso de migración. Predice un evento de trayectoria de rayo de longitud intermedia a partir de otros dos eventos, uno de trayectoria más larga y otro de trayectoria más corta. La trayectoria común para ambos eventos es eliminada por el proceso de suma de trazas correlacionadas por lo que se eliminan los efectos de propagación de partes no interesantes del medio, lo cual se puede interpretar como una reubicación virtual de las trazas más cerca al cuerpo objetivo, o como estimar las funciones de Green del interior de las exteriores. Las configuraciones de fuente y receptores con *redatuming* pueden conducir a una mejor resolución de la imagen y evitar los efectos distorsionadores del medio lejos del objetivo. Al conectar los datos reubicados virtualmente en la fórmula de migración estándar se obtiene la fórmula de imágenes interferométricas, también conocida como migración interferométrica (Schuster, 2009).

2.3. Migración interferométrica

La ubicación temporal o espacial de las reflexiones presentes en un perfil sísmico no corresponde con la posición real de los horizontes en el subsuelo puesto que los datos y el modelo viven en espacios diferentes. Para obtener una imagen migrada se debe realizar un proceso de inversión de los datos en el que se hacen ajustes temporales y espaciales a las reflexiones en cada traza de acuerdo a tiempos de viaje previamente establecidos por modelamiento (Yilmaz, 2001).

La inversión sísmica interferométrica se define como cualquier algoritmo que invierte los datos sísmicos correlacionados para la reflectividad del subsuelo. La migración de correlación cruzada es similar a la migración estándar donde una condición de imagen es aplicada para retro-proyectar los datos, excepto que en la interferometría sísmica los datos de entrada son croscorrelogramas (Jianhua Yu, 2002).

Para entender la mecánica detrás de la migración sísmica se plantea la siguiente relación lineal entre la imagen y los datos originales:

$$\mathbf{d} = \mathbf{Lm}. \qquad\qquad 2.20$$

En este esquema de modelamiento directo, $\mathbf{d}$ representa la matriz de las trazas de una sección sísmica, $\mathbf{m}$ la matriz del modelo de reflectividad asociado al medio y $\mathbf{L}$ un operador de modelamiento directo, todos en el dominio de la frecuencia.

Las funciones en el espacio de los datos $\mathbf{d}$ corren sobre las coordenadas de cada par fuente-receptor (i.e. punto común medio CMP o punto común en profundidad CDP). Las funciones pertenecientes al espacio $\mathbf{m}$ se mueven sobre puntos de reflectividad x en un modelo. El operador de mapeo $\mathbf{L}$ relaciona los datos de las trazas a los puntos de reflectividad y viceversa. La inversión exacta del sistema planteado para la obtención de la matriz $\mathbf{m}$ requiere una capacidad computacional elevada, por lo que es mejor aproximarla usado la matriz adjunta del operador de modelamiento directo $\tilde{\mathbf{L}}$.

$$\tilde{\mathbf{m}} = \tilde{\mathbf{L}}\mathbf{d}. \qquad\qquad 2.21$$

Para un punto de imagen, la expresión anterior se representa de manera integral en el espacio de la frecuencia, como:

$$m(\mathbf{x}) = \int_{-\infty}^{\infty} \int_{\mathbf{g}} \int_{\mathbf{s}} \omega^2 \, [G(\mathbf{g}|\mathbf{x})^* D(\mathbf{g}|\mathbf{s})] G(\mathbf{x}|\mathbf{s})^* \, d^2\mathbf{s}\, d^2\mathbf{g}\, d\omega. \qquad\qquad 2.22$$

Las funciones de Green $G(\mathbf{g}|\mathbf{x})^*$ y $G(\mathbf{x}|\mathbf{s})^*$ en la integral de la ecuación 2.22, cumplen el papel de extrapoladores respecto a fuentes y receptores para las reflexiones presentes en $D(\mathbf{g}|\mathbf{s})$, estos son las responsables del reposicionamiento de las trazas (Arenas, 2013).

2.3.1. Planteamiento para Migración Interferométrica

En la migración estándar, $D(\mathbf{g}|\mathbf{s})$ representa los datos dispersos actuales después de silenciar la onda directa. Además, las funciones de Green $G(\mathbf{x}|\mathbf{s})$ y $G(\mathbf{x}|\mathbf{g})$ se calculan mediante un procedimiento basado en modelos como trazado de rayos para la migración por apilado de difracciones o mediante una solución aproximada de la ecuación de onda por diferencias finitas. Esto contiene imprecisiones que llevan a errores en la función de Green, los cuales se manifiestan como imágenes de migración desenfocadas. Para evitar el desenfoque de la imagen, la migración interferométrica utiliza los datos naturales para reemplazar total o parcialmente las funciones de Green en la ecuación 2.19. De esta forma, el modelo de velocidad no es necesario y se evitan los errores de desenfoque. Otro tipo de migración interferométrica se obtiene reubicando virtualmente primero los datos brutos $D(\mathbf{g}|\mathbf{s})$ interferometricamente, a una nueva posición de grabación más cercana al objetivo. Ahora, la energía de reflexión grabada no necesita migrar muy lejos para alcanzar el objetivo, por lo que se puede usar una función de Green basada en un modelo sin inducir errores de desenfoque severos (Schuster, 2009).

Utilizando la definición para la función de Green planteada en la ecuación 2.3, se expresan las funciones de Green de la ecuación 2.22 como:

$$G(\mathbf{x}|\mathbf{s}) = \frac{1}{4\pi}\frac{e^{i\omega\tau_{sx}}}{|\mathbf{x}-\mathbf{s}|} \qquad \text{y} \qquad G(\mathbf{g}|\mathbf{x}) = \frac{1}{4\pi}\frac{e^{i\omega\tau_{xg}}}{|\mathbf{x}-\mathbf{g}|}, \qquad 2.23$$

donde τ_{sx} y τ_{xg} son los tiempos de propagación entre el punto imagen y la fuente o el receptor, respectivamente. Calculando el complejo conjugado de estas funciones y sustituyendo en la expresión 2.22, se tiene:

$$m(\mathbf{x}) = -\frac{1}{16\pi^2}\int_{-\infty}^{\infty}\int_{\mathbf{g}}\int_{\mathbf{s}}(i\omega)^2\left[\frac{e^{-i\omega(\tau_{sx}+\tau_{xg})}}{|\mathbf{x}-\mathbf{s}||\mathbf{x}-\mathbf{g}|}D(\mathbf{g}|\mathbf{s})\right]d^2\mathbf{s}\,d^2\mathbf{g}\,d\omega. \qquad 2.24$$

Reemplazando las integrales por sumas discretas la expresión 2.24 adquiere la forma:

$$m(\mathbf{x}) = -\sum_{s}\sum_{g}\sum_{\omega}\left[(i\omega)^2 D(\mathbf{g}|\mathbf{s})e^{-i\omega(\tau_{sx}+\tau_{xg})}\right]. \qquad 2.25$$

Realizando la transformada de Fourier para pasar la expresión 2.25 al dominio del tiempo, se tiene:

$$m(\mathbf{x}) = -\sum_{s}\sum_{g} \ddot{d}(\mathbf{g}, \mathbf{s}, \tau_{sx} + \tau_{xg}), \qquad 2.26$$

$\ddot{d}$ representa doble derivara con respecto al tiempo. La relación anterior permite realizar el reposicionamiento de las reflexiones en cada traza. Reescribiendo 2.26 en términos de la función de reflectividad $g(i, j, t)$, la aproximación interferométrica para migración por apilado de difracciones, se consigue con la ecuación:

$$m(\mathbf{x}) = -\sum_{i}\sum_{j} \ddot{g}(i, j, \tau_{ix} + \tau_{xj}), \qquad 2.27$$

donde $\ddot{g}$ es segunda derivada de la función de reflectividad respecto al tiempo y $\tau^{refl} = \tau_{ix} + \tau_{xj}$ es el tiempo de viaje (Arenas, 2013).

$$\tau^{refl} = \frac{\left[\sqrt{(x_i - x)^2 + (z_j - z)^2} + \sqrt{(x_j - x)^2 + (z_i - z)^2}\right]}{v}. \qquad 2.28$$

La ecuación 2.28 representa el tiempo de viaje a cada punto x de la matriz **m** que recostruyen de la interfaz que refleja la onda desde la fuente hacia el receptor en un medio de velocidad constante. Al incluirse en la ecuación de migración interferométrica corre sobre las posiciones de las fuentes y los receptores para construir la interfaces del subsuelo.

A continuación se presenta una descripción breve de dos métodos de migración: migración por corrimiento de fase (*Phase Shif*) y migración de tiempo inverso (*Reverse Time Migration*). Esto con el fin de comparar resultados de la migración de estos métodos con los resultados obtenidos con el método de interferometría sísmica.

2.4. Migración por corrimiento de fase (PS)

El método de migración por corrimiento de fase o PS por sus siglas en inglés, realiza la extrapolación de los campos correspondientes al campo de onda descendente (que simula la fuente) y al campo de onda ascendente (que simula el campo registrado en superficie) por separado. Se aplica una condición de imagen realizando la correlación cruzada de los datos y sumando sobre todas las frecuencias. Al multiplicar los campos ascendentes y descendentes, se produce una interferencia constructiva de los datos que se encuentran en fase generando un valor diferente de cero que corresponde con un punto de la interfase y valores casi nulos para los datos que se encuentran fuera de fase, de este modo se produce la imagen migrada (Claerbout, 1985).

2.5. Migración de tiempo inverso (RTM)

La migración inversa en el tiempo o RTM por sus siglas en inglés, utiliza la ecuación de onda completa para extrapolar el campo de onda en el tiempo. Ésta permite simular con gran precisión la propagación de las ondas en cualquier dirección, incluyendo las reflexiones y las transmisiones. El método requiere la extrapolación en tiempo, del campo de ondas tanto de fuentes como de los receptores, seguido de la aplicación de una condición de imagen apropiada, para obtener una imagen en profundidad (Liu Faqui, 2011).

3. ANALISIS Y RESULTADOS

Mediante el uso de software Seismic Unix (SU) se generaron modelos de capas sintéticos de diferentes complejidades, con el fin de mostrar la implementación del método de interferometría sísmica. Los datos sísmicos y las matrices de velocidad de los modelos fueron generados y transformados para ser llevados al entorno de MATLAB. Allí se realiza la correlación cruzada de las trazas sísmicas y posteriormente la migración interferométrica que permite obtener de las imágenes reconstruidas de las capas reflectoras en el subsuelo. La configuración de adquisición para los modelos sintéticos es la de perfil sísmico vertical (VSP) (Figura 2.20), y los conjuntos de trazas son generados por el modelado de la solución de la ecuación de onda acústica por diferencias finitas.

En los siguientes modelos, se realizó la simulación desde la generación de la ondícula fuente, hasta la imagen migrada por interferometría siguiendo el siguiente diagrama:

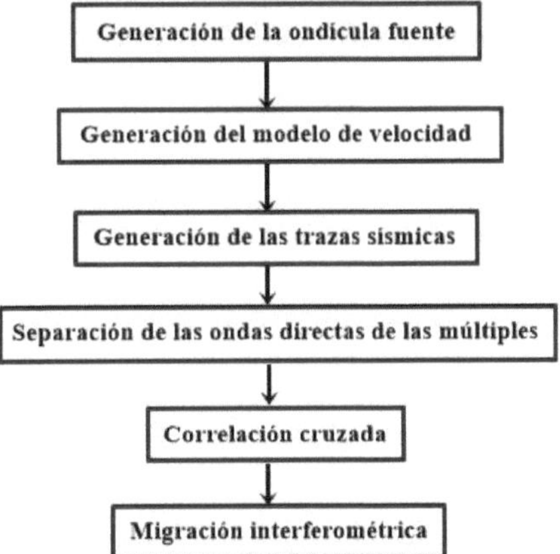

Figura 3. 1. Diagrama del proceso de modelamiento para la migración interferométrica.

En el entorno de SU, se inicia con la configuración de la ondícula fuente utilizando el programa MAKEWAVE, el cual permite seleccionar el tipo de onda, paso de muestreo temporal, número de muestras temporales y frecuencia de la onda. Luego se crea el modelo de velocidad con MAKEMOD donde se configura el tamaño de la malla, el número de capas, su forma, profundidades y velocidades de las ondas P en cada una de las capas. La generación de las trazas sísmicas, se realiza solucionando la ecuación de onda acústica por diferencias finitas, utilizando el programa de modelamiento FDELMODC. Este programa es muy versátil y permite configurar varios parámetros que otros programas de modelamiento no permiten (Thorbecke, 2017). De este modo se simulan los registros de un medio estratificado que interactúa con una onda acústica y que son grabados por los geófonos. Los parámetros seleccionados para el modelamiento fueron:

Tabla 3. 1. Parámetros de modelamiento

Longitud en x Lx	1000 m
Profundidad Lz	1000 m
Tamaño del paso espacial en z dz	10 m
Tamaño del paso temporal dt	0.0005 s
Número de muestras temporales nt	4001
Tiempo simulado t	2 s
Velocidad mínima $vmin$	3000 m/s
Velocidad máxima $vmax$	4000 m/s
Frecuencia de la ondícula $fmax$	30 Hz

El sistema de adquisición de los datos fue de perfil sísmico vertical VSP, donde se configuró un tendido de receptores (geófonos) uniformemente distribuidos sobre la superficie para registrar la respuesta sísmica de las ondas con el medio. En un pozo vertical situado al lado izquierdo del modelo en $x = 0$, la posición de la fuente fue variada desde una profundidad 500 m a 800 m con desplazamientos de 20 m, realizando un registro por disparo. Los parámetros de la adquisición se muestran a continuación:

Tabla 3. 2. Parámetros de adquisición del modelo sintético

Tamaño del paso espacial en x dx	10 m
Tamaño del paso espacial en z dz	10 m
Número de muestras espaciales en x nx	100
Número de muestras espaciales en z nz	100
Número de receptores	100
Número de fuentes	16

Intervalo entre receptores	10 m
Intervalo entre fuentes	20 m

Luego de obtener los 16 registros de fuente común (*common shot gather*), se realizó la transformación de los datos, junto con el modelo de velocidad, para ser llevados al entorno de MATLAB. A través de un proceso de silenciado de la onda directa (*muting*), se separan las ondas directas de las reflexiones primarias y múltiples de cada registro, luego, se toma cada traza de onda directa y se correlaciona con el conjunto completo de VSP (múltiples). El proceso anterior produce una sección de registros virtuales de perfil sísmico de superficie SSP (por sus siglas en ingles), que son migradas para obtener la imagen de las capas del subsuelo. Al final se suman las imágenes resultantes de los 16 registros en un proceso denominado apilado (*stack*), que disminuye el ruido y mejora la calidad general de los datos.

3.1. Modelo 1: modelo de capas planas

Se presenta el modelamiento para la migración interferométrica de un modelo de 4 capas planas (Figura 3.2). El sistema de modelación de los datos sísmicos y el sistema de adquisición sísmica son los descritos en las tablas 3.1 y 3.2.

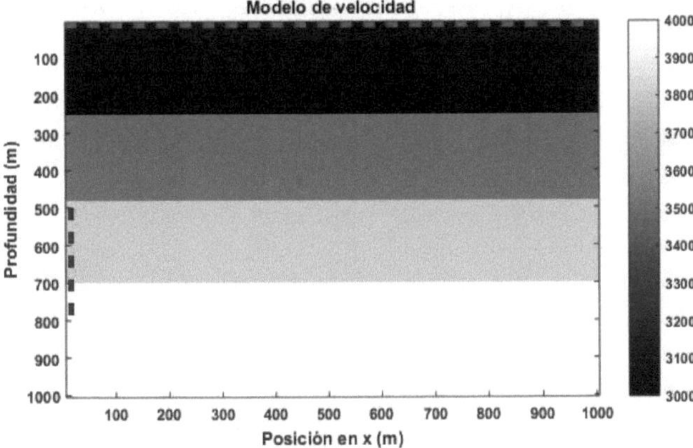

Figura 3. 2. Modelo de velocidad para 4 capas planas. Línea roja: Tendido de geófonos. Línea azul: rango de posiciones de la fuente.

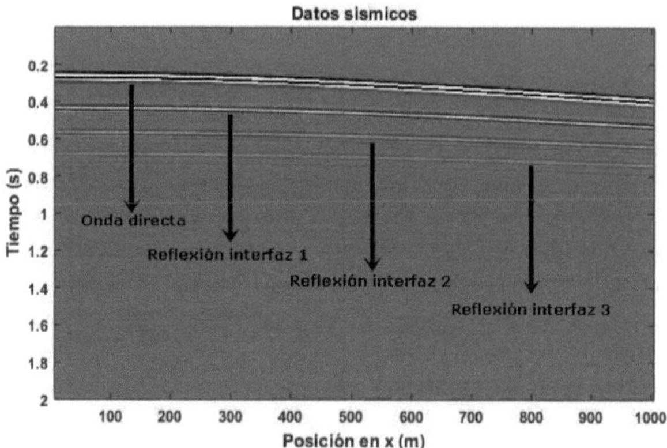

Figura 3. 3. Trazas sísmicas generadas para el modelo de 4 capas planas.

Utilizando el programa FDELMODC, se modela la solución de la ecuación de onda acústica para este medio y se obtienen las trazas sintéticas de fuente común (Figura 3.3). Se puede apreciar la onda directa, que se caracteriza por su mayor amplitud y por ser la de menor tiempo de llegada, y las tres reflexiones correspondientes a cada interfaz, con amplitudes menores y tiempo de viaje mayores.

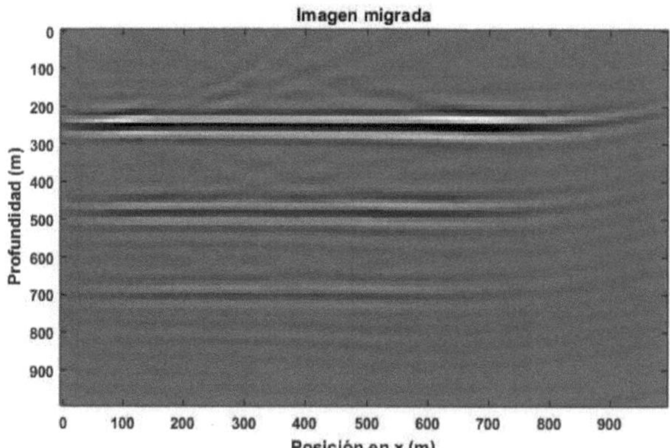

Figura 3. 4 imagen migrada para el modelo de 4 capas planas.

Luego de realizar el silenciado de la onda directa, que separa las ondas directas de las múltiples, se realiza la correlación de las trazas, la migración y el apilado sobre los 16 registros, con lo que se obtuvo la imagen de la Figura 3.4.

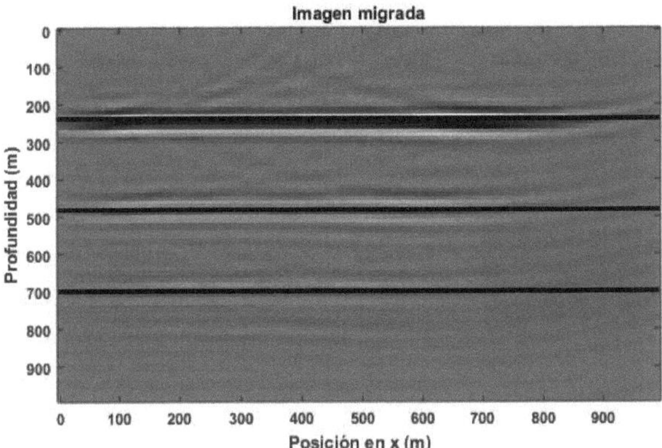

Figura 3. 5. Superposición de las interfaces del modelo de velocidades con las de la imagen migrada

La imagen obtenida como resultado de la migración interferométrica para el modelo de capas planas (Figura 3.4), muestra una reconstrucción con una resolución que permite distinguir las tres interfaces en gran parte del modelo (Figura 3.5). También se puede notar que la mayor definición está en la parte izquierda, debido a la mayor coherencia de los datos en las partes cercanas a las posiciones de las fuentes donde la intensidad de las ondas es mayor y que además se encuentran dentro de la apertura del modelo. La apertura de migración es el rango espacial que necesita el diseño para que los rayos o las ondas migren a su correcta posición, definiendo que reflexiones contribuyen a los cálculos. Esto explica la falta de definición de las interfaces profundas y en la parte derecha del modelo, debido a que no existen reflexiones para esos puntos.

Con el fin de verificar la obtención de la profundidad de las interfaces del modelo de una forma cuantitativa, se diseñó un código en MATLAB para identificar, resaltar y comparar las interfaces del modelo de velocidad con las de la imagen migrada, de forma que podemos realizar un análisis comparativo entre los valores de las profundidades de ambos modelos. En la traza del modelo de velocidad, el algoritmo resalta el valor de la profundidad de la interface donde encuentra el cambio del valor de la velocidad, asignando el valor de uno en ese punto y cero en los demás. En la traza de la imagen migrada se calcula el valor absoluto de la amplitud normalizada.

La Figura 3.6 muestra de izquierda a derecha; el modelo de velocidad, las interfaces resaltadas del modelo de velocidad y el valor absoluto de la amplitud para la traza central del modelo reconstruido con migración interferométrica. Tomando los puntos de mayor amplitud del valor absoluto de la traza del modelo migrado, se observa que la diferencia en valor absoluto con respecto a los valores de la profundidad de las interfaces del modelo de velocidad es de 10m.

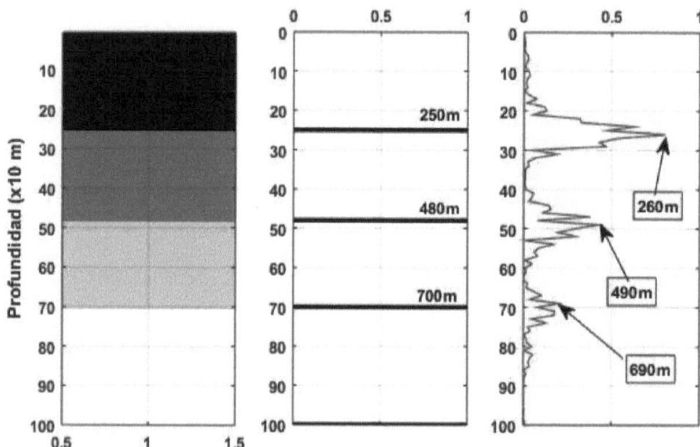

Figura 3. 6: A la izquierda, capas del modelo de velocidad; centro, interfaces del modelo; derecha, valor absoluto de la amplitud de la traza 50 de la imagen migrada.

Sin embargo, se debe resaltar que las trazas de la imagen migrada no son iguales en todo el modelo, la amplitud de las trazas va disminuyendo en la medida que aumenta la distancia a la posición de las fuentes ($x = 0$) y la profundidad. Esto lleva a que la identificación de los valores de amplitud que corresponden con la profundidad de las interfaces en la imagen migrada se dificulte, debido a la apertura y la atenuación de la onda con la distancia.

3.2. Modelo 2: modelo con una capa intermedia inclinada

Con el propósito de realizar el modelamiento de una estructura más compleja, se diseña un modelo con 4 capas, en donde la capa intermedia presenta una inclinación pronunciada o buzamiento (Figura 3.7). Los parámetros de la adquisición y el modelamiento son los mismos que se describieron anteriormente en las tablas 3.1 y 3.2. Las trazas sísmicas generadas para este modelo se muestran en la Figura 3.8.

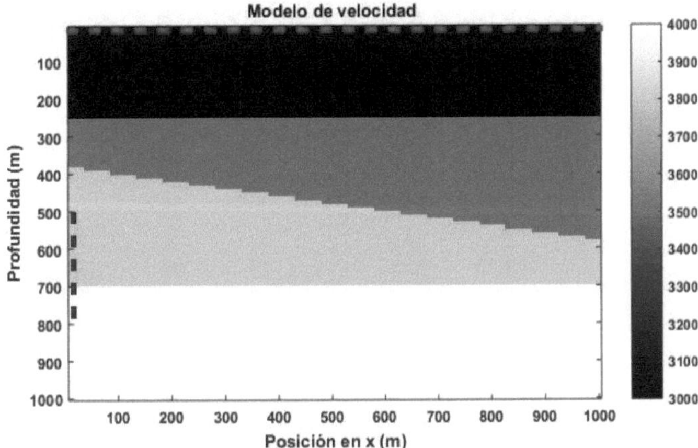

Figura 3. 7. Modelo de velocidad con una capa inclinada. Línea roja: Tendido de geófonos. Línea azul: rango de posiciones de la fuente.

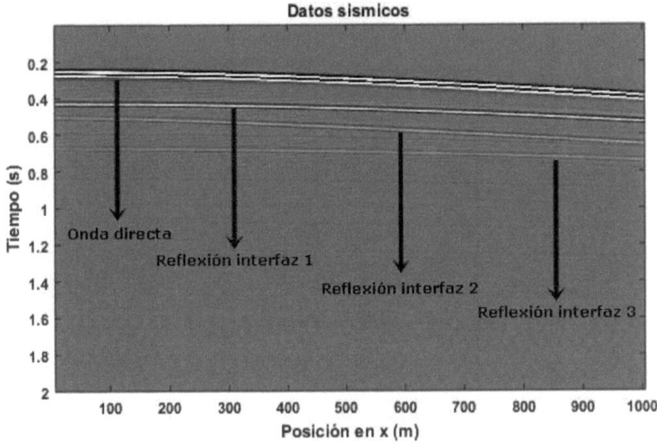

Figura 3. 8. Trazas sísmicas generadas para el modelo con capa intermedia inclinada.

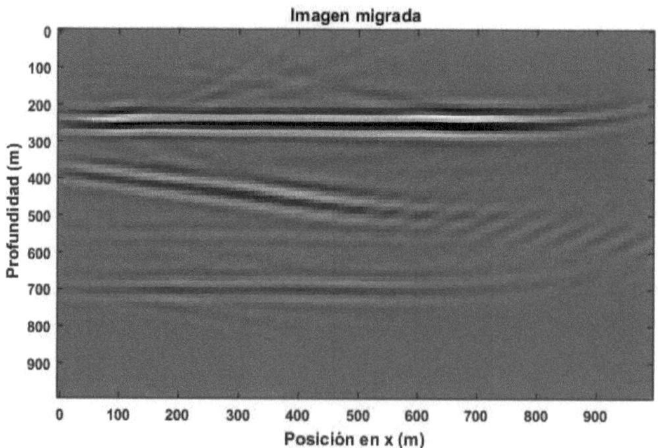

Figura 3. 9. Imagen migrada para el modelo con una capa inclinada.

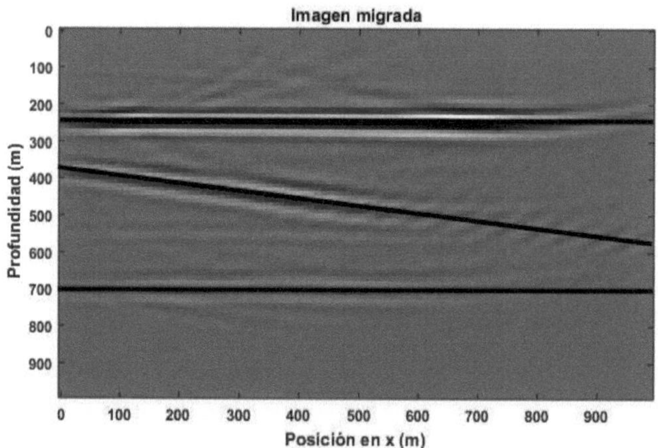

Figura 3. 10. Superposición de las interfases del modelo de velocidades sobre la imagen migrada

A través de la migración interferométrica se ha logrado una reconstrucción aceptable del modelo (Figura 3.9), donde se identifican las interfaces en la parte izquierda. A la derecha se observa pérdida de amplitud y resolución de las interfases intermedia e inferior, debido a la apertura del diseño y la atenuación de la energía de la onda. A pesar de lo anterior, se logra identificar las profundidades de las capas (Figura 3.10).

Para el análisis comparativo de las profundidades, se tomaron las trazas 25, 50 y 75 del modelo de velocidad y de la imagen migrada respectivamente (Figura 3.11). Realizando la comparación de los valores de profundidad del modelo de velocidad y los puntos de mayor amplitud del valor absoluto en las trazas de la imagen migrada, se puede calcular que la diferencia para los valores de la profundidad que están entre 10 y 20 metros. También, se observa que la amplitud de las trazas disminuye con la profundidad y en la medida que aumenta la distancia horizontal, debido a la atenuación de la onda con la distancia a las fuentes y la apertura limitada.

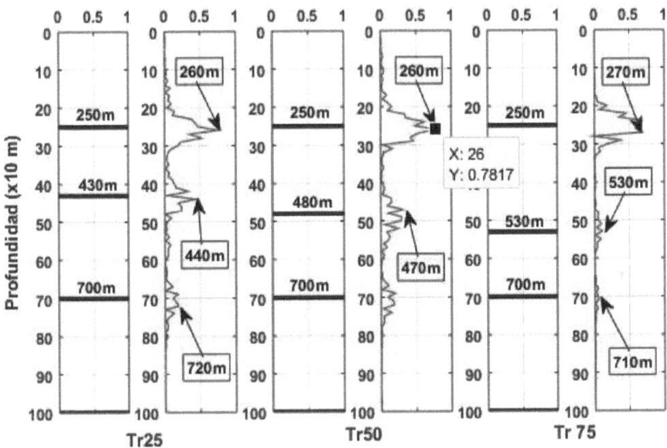

Figura 3. 11: Comparación entre el valor de profundidad de las interfaces del modelo de velocidad y el valor absoluto de la amplitud de las trazas del modelo migrado para las trazas 25, 50 y 75, para el modelo de una capa inclinada.

3.3. Modelo 3: modelo de lente geológica

Se diseñó un modelo con el que se modela una estructura más compleja, donde la capa intermedia tiene una forma de rombo achatado (Figura 3.12). Este modelo es similar a una lente convexa, (ancho en el medio y delgada en los bordes) conocida como lente geológica. En la naturaleza se denomina de esta manera a los cuerpos sedimentarios con formas achatadas en la dirección horizontal.

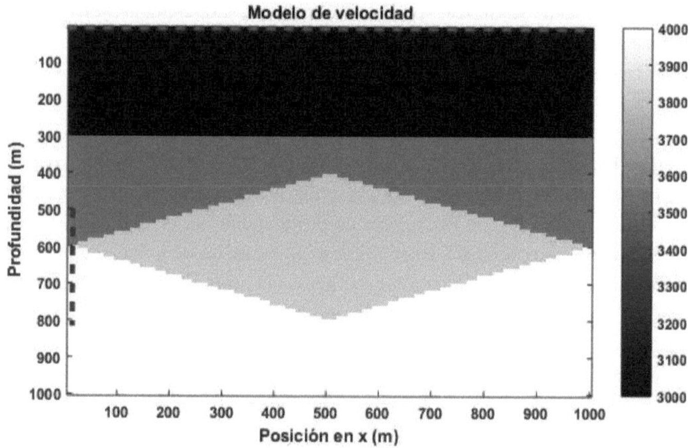

Figura 3. 12. Modelo de velocidad del modelo de lente geológica. Línea roja: Tendido de geófonos, línea azul: rango de posiciones de las fuente.

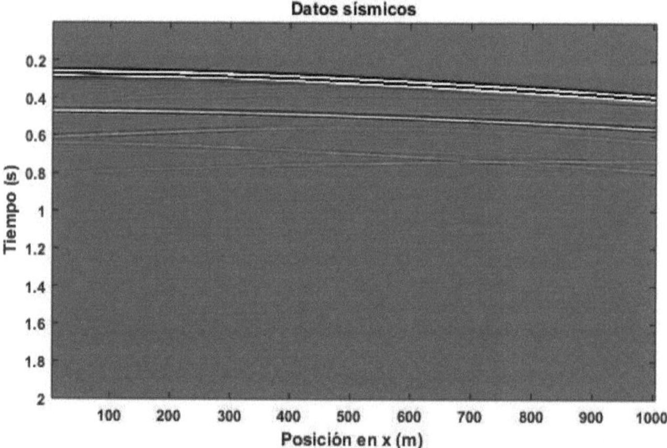

Figura 3. 13. Trazas sísmicas para el modelo de una lente geológica.

Los parámetros de modelación y sistema de adquisición fueron igual que los modelos 1 y 2 (tablas 3.1 y 3.2).

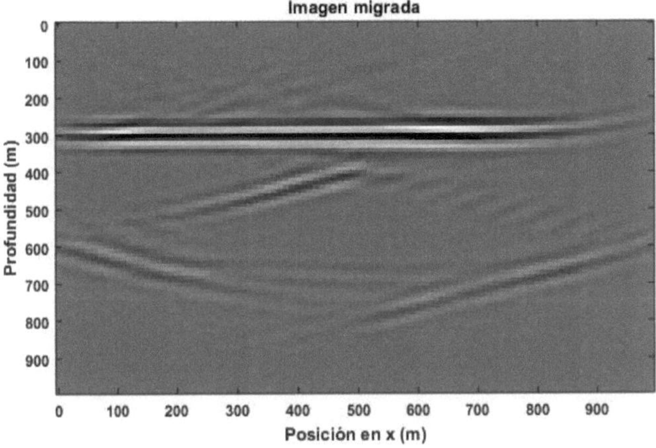

Figura 3. 14. Imagen migrada para el modelo de una lente geológica

Los datos de un disparo común generados para este modelo se muestran en la Figura 3.13. La imagen obtenida por migración interferométrica para el modelo de lente geológica, se muestra en la Figura 3.14.

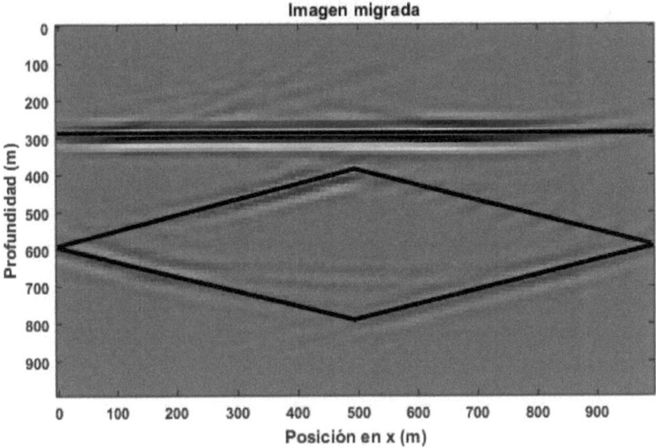

Figura 3. 15. Superposición de las interfases del modelo de velocidades con las de la imagen migrada.

El resultado de la migración interferométrica para este modelo (Figura 3.14), muestra una muy buena resolución de la interfase superior y permite distinguir la forma de la lente geológica con algunas pérdidas de resolución al lado derecho. La superposición de las interfases del modelo de velocidad sobre la imagen migrada (Figura 3.15) muestra que la reconstrucción de la morfología del modelo es aceptable.

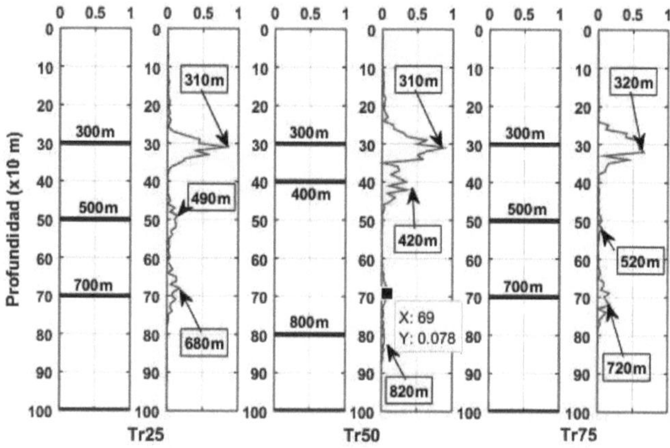

Figura 3. 16: Comparación entre el valor de profundidad de las interfaces del modelo de velocidad y el valor absoluto de la amplitud de las trazas del modelo migrado para las trazas 25, 50 y 75 del modelo de lente geológica.

El análisis comparativo de las profundidades para la lente geológica (Figura 3.16), se realizó con las trazas 25, 50 y 75 de los modelos de velocidad y la imagen migrada. Las diferencias entre los valores de profundidad se encontraron entre 10 y 20 m. En la capa superior de la imagen migrada (300m) se pueden distinguir los puntos de mayor amplitud fácilmente, mientras que en los puntos más profundos y alejados de la ubicación de las fuentes, se puede notar que la amplitud es atenuada por lo que es difícil asegurar cuál de los puntos corresponde con la profundidad de la interfaz. Este es el caso de los puntos de la interfaz alrededor de los 800 m de la traza 50 y los puntos de la interfaz en los 500 m de la traza 75, donde es necesario utilizar el cursor de datos de MATLAB para identificar los puntos de mayor amplitud que puedan corresponder con el valor de profundidad.

3.4. Modelo 4: modelo mixto de capa sinclinal y cabalgamiento

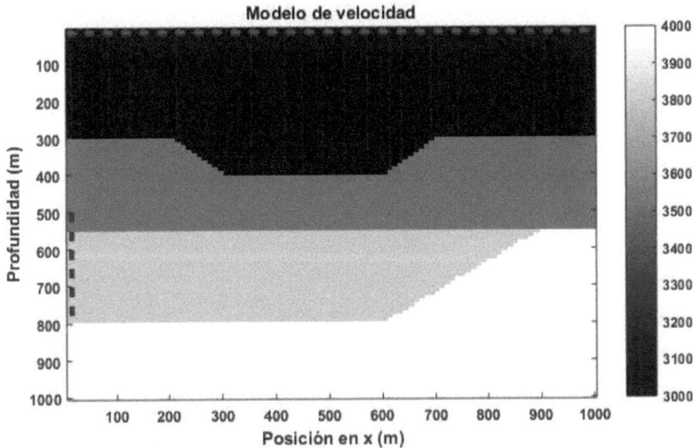

Figura 3. 17: Modelo de velocidad del modelo mixto de capa sinclinal y cabalgamiento. Línea roja: Tendido de geófonos, línea azul: rango de posiciones de las fuente.

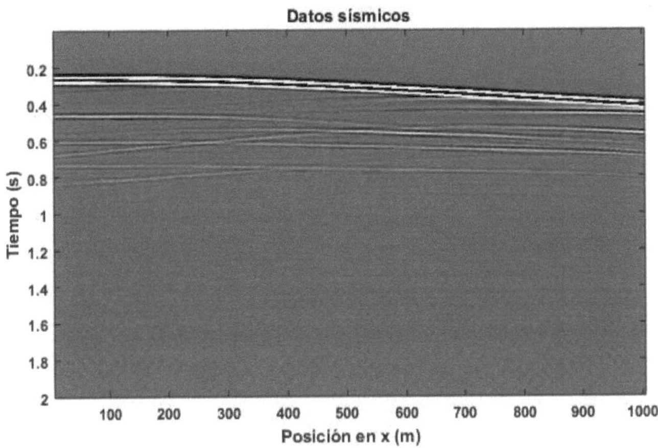

Figura 3. 18: Trazas sísmicas para el modelo mixto de capa sinclinal y cuesta geológica.

Para aumentar la complejidad estructural del modelo geológico, se diseñó una capa sinclinal sobre un cabalgamiento. Una capa sinclinal se caracteriza por su forma cóncava donde en su núcleo se encuentra una capa geológica más joven, (en el modelo de velocidad se observa en la capa que se encuentra a 300 m de profundidad), bajo de la cual se encuentra un cabalgamiento que es un tipo de falla inversa donde una capa se sobrepone a otra debido a las fuerzas de compresión (Figura 3.17).

La modelación de las trazas para este modelo se realiza conservando los parámetros de las tablas 3.1 y 3.2, y se presentan en la Figura 3.18.

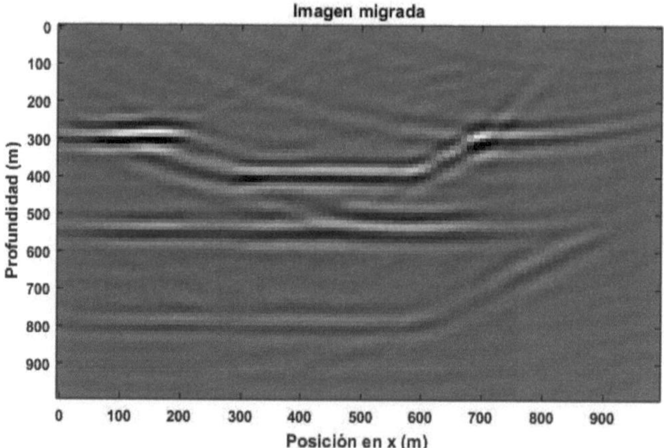

Figura 3. 19: Imagen migrada para el modelo mixto de capa sinclinal y cuesta geológica.

La imagen obtenida después de realizar la migración interferométrica en este modelo se muestra en la Figura 3.19.

La superposición de las interfaces del modelo de velocidad sobre la imagen migrada evidencia una buena reconstrucción de la forma de la estructura geológica (Figura 3.20). En la comparación para los valores de la profundidad entre los puntos de las trazas y de las interfaces del modelo de velocidad (Figura 3.21), se encuentran diferencias entre 10 y 20 m. En el punto perteneciente a la primera interfaz de la traza 25, el valor máximo de la amplitud de la traza de la imagen migrada es discordante en 60 metros con respecto al valor de profundidad del modelo de velocidad, mientras las dos últimas interfaces de la traza 75, muestran una atenuación de la amplitud que no permite distinguir cuál de los picos de amplitud corresponden a los valores de profundidad.

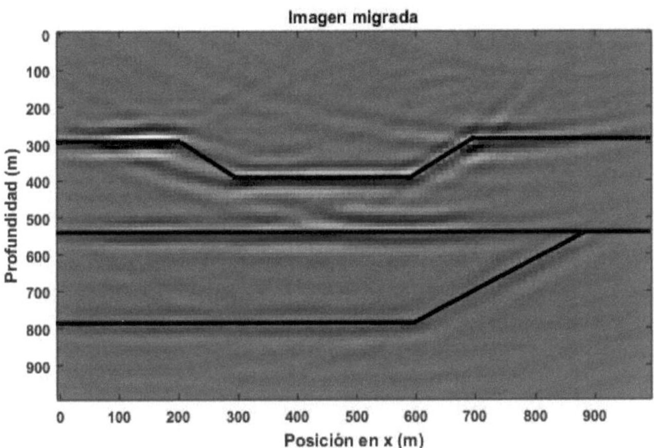

Figura 3. 20: Superposición de las interfases del modelo de velocidades con las de la imagen migrada.

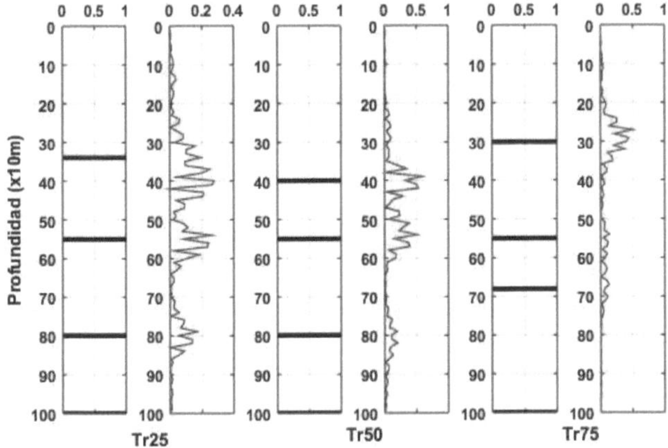

Figura 3. 21: Comparación entre el valor de profundidad de las interfaces del modelo de velocidad y el valor absoluto de la amplitud de las trazas del modelo migrado para las trazas 25, 50 y 75 del modelo mixto de capa sinclinal y cuesta geológica.

3.5 Modelo 5: modelo de capas mixto de pozo central

Este modelo es la migración interferométrica de ecuación de onda bidimensional de múltiplos de VSP. En la Figura 3.22 se muestra el modelo sintético de 7 capas, donde hay 600 disparos uniformemente desplegados sobre la superficie, y 12 geófonos uniformemente distribuidos en un pozo que se encuentra a una distancia horizontal de 3000m, en un intervalo de profundidad de 1900m a 2120m. Esta configuración corresponde a la de un perfil sísmico vertical VSP de pozo central. Los parámetros de adquisición se muestran en la tabla 3.3.

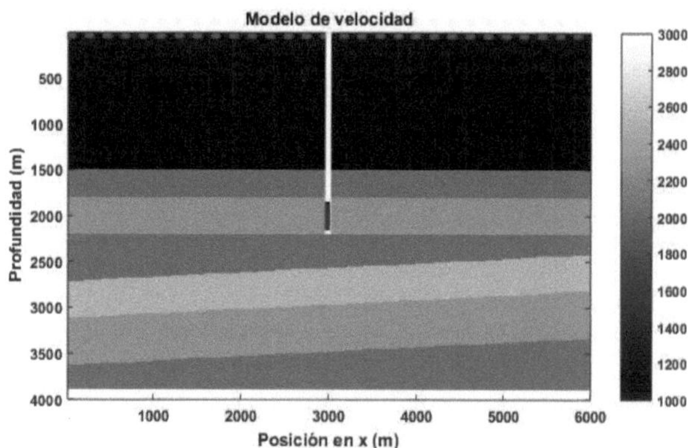

Figura 3. 22. Modelo de velocidad 2D con 12 geófonos (línea azul). 600 disparos (línea roja) con un intervalo de disparo de 10 m distribuidos equitativamente en la superficie.

Tabla 3. 3. Parámetros de adquisición para el modelo de pozo central

Longitud en x Lx	6000 m
Profundidad Lz	4000 m
Tamaño del paso espacial en x dx	10 m
Tamaño del paso espacial en z dz	10 m
Número de muestras espaciales en x nx	600
Número de muestras espaciales en z nz	400
Tamaño del paso temporal dt	0.004 s
Número de muestras temporales nt	1250
Número de receptores	12
Número de fuentes	600
Intervalo entre receptores	20 m
Intervalo entre fuentes	10 m

El proceso de crosscorrelacción de los datos generados para el modelo 4 (Figura 3.22), se realiza para cada conjunto de disparos registrados en un geófono y migrados. La imagen resultante de la migración interferométrica para un conjunto de datos de receptor común se muestra en la Figura 3.23.

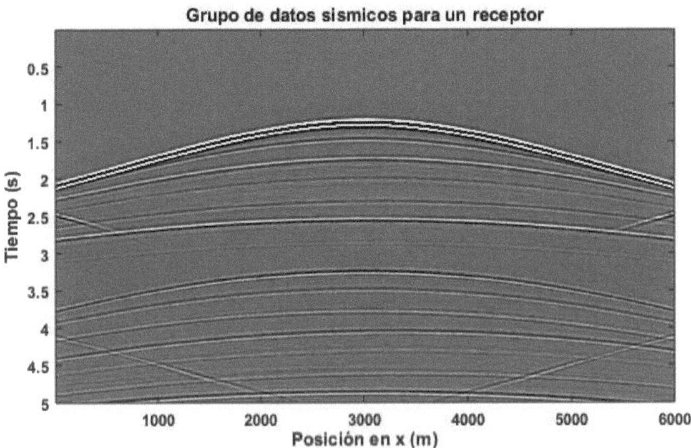

Figura 3. 23. Conjunto de trazas sísmicas de receptor común VSP para el modelo de pozo central.

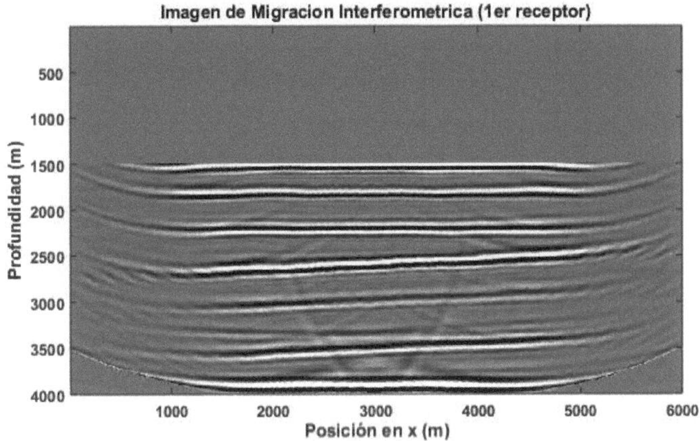

Figura 3. 24. Imagen de migración interferométrica apilada de los conjuntos de trazas para un geófono.

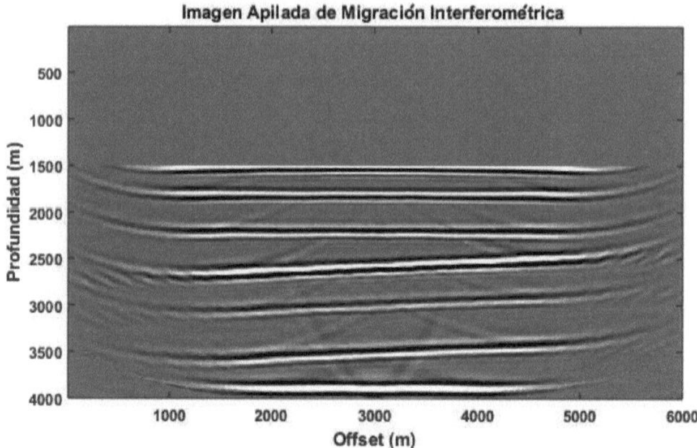

Figura 3. 25. Imagen de migración interferométrica apilada de los conjuntos de trazas para los 12 geófonos, para el modelo de pozo central.

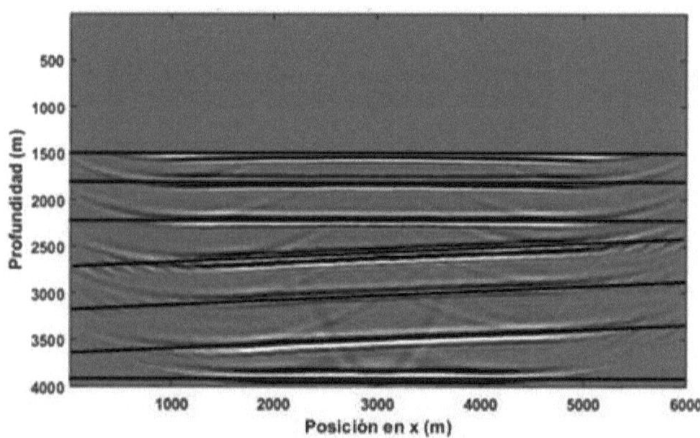

Figura 3. 26. Superposición de las interfases del modelo de velocidades con las de la imagen migrada.

Al realizar la migración al conjunto de datos de cada geófono, se obtienen 12 imágenes, que luego son sumadas o apiladas en una sola imagen. La imagen apilada (Figura 3.25), muestra una mejor definición de las capas reflectoras del subsuelo en relación a la de un solo receptor (Figura 3.24). Lo que se puede concluir en que a mayor número de imágenes apiladas se puede obtener una mejor resolución y una mejor relación señal-ruido (relación de energía deseable a indeseable).

La superposición de las interfases del modelo de velocidad sobre la imagen migrada (Figura 3.26), muestra una reconstrucción satisfactoria las capas y sus profundidades. En este caso se puede notar una mayor resolución en el área central del modelo con algunas perdidas en los extremos, debido a la apertura del modelo.

Al realizar la comparación de los valores de profundidad para el modelo de velocidad y la imagen migrada (Figura 3.27), se pudieron identificar los valores de profundidad de cada capa con una diferencia con respecto al modelo de velocidad de 10 a 70 m.

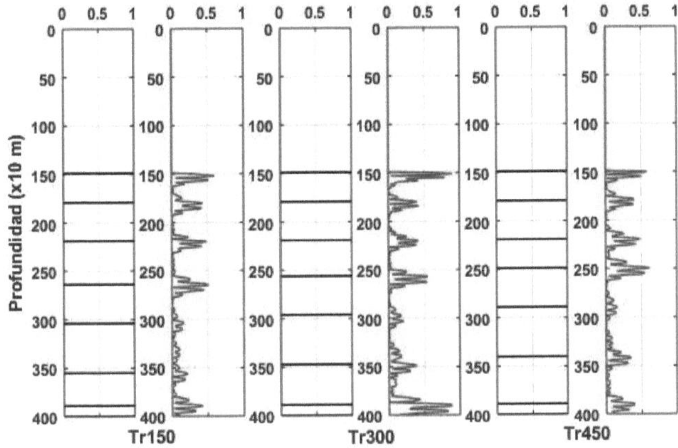

Figura 3. 27: comparación entre el valor de profundidad de las interfaces del modelo de velocidad y el valor absoluto de la amplitud de las trazas del modelo migrado para las trazas 150, 300 y 450 del modelo de capas mixto de pozo central.

La migración interferométrica de múltiplos VSP de superficie, muestra ventajas importantes. Obtiene un área de imagen mucho más grande que la migración convencional de primarios VSP, menos sensibilidad a la velocidad y errores estáticos que la migración convencional de múltiplos de VSP y muestra amplias propiedades de iluminación en la migración de múltiplos VSP (Ruiqing He, 2006). La imagen obtenida de la migración interferométrica del modelo, permite distinguir las capas reflectoras de una manera satisfactoria. De modo similar, los artefactos debidos al dialogo cruzado de la correlación que aparecen en la imagen se puede disminuir con un filtrado adecuado de los datos de entrada.

3.6. Modelo 6: migración interferométrica de múltiplos de VSP

En la Figura 3.28 se muestra un modelo de 6 capas con el que se generan datos VSP sintéticos a partir de la solución de la ecuación de onda acústica. Se muestra la crosscorrelacción 2D y migración interferométrica de múltiplos VSP para la construcción de la imagen. Este proceso corresponde con la trasformación de datos VSP a datos SSP virtuales mostrada en la Figura 2.12.

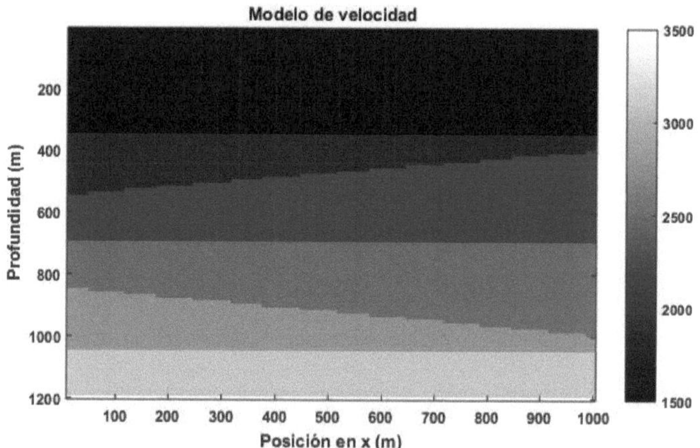

Figura 3. 28. Modelo de velocidad para la migración interferométrica de múltiplo de VSP. Línea azul: Tendido de geófonos, línea roja: posiciones de las fuentes.

En este modelo, se realizó con 100 disparos uniformemente desplegados en la superficie, y 16 geófonos colocados uniformemente en un pozo a la izquierda del modelo ($x = 0$ m) en el rango de profundidad de 490 m a 790 m. los parámetros de la adquisición son los siguientes:

Tabla 3. 4. Parámetros de adquisición del modelo de migración interferométrica de múltiplos se VSP.

Longitud en x Lx	1000 m
Profundidad Lz	1200 m
Tamaño del paso espacial en x dx	10 m

Tamaño del paso espacial en z *dz*	10 m
Número de muestras espaciales en x *nx*	100
Número de muestras espaciales en z *nz*	120
Tamaño del paso temporal *dt*	0.0005 s
Número de muestras temporales *nt*	4000
Número de receptores	16
Número de fuentes	100
Intervalo entre receptores	20 m
Intervalo entre fuentes	10 m

La interferometría sísmica utiliza los múltiplos de las ondas para ser correlacionadas con las ondas directas y realizar la construcción de los reflectores en el subsuelo. El proceso involucra los siguientes pasos:

- Se separan los datos de VSP en ondas ascendentes y descendentes
- Se obtienen las ondas directas y múltiplos mediante el proceso de silenciamiento adecuado.
- Correlación cruzada de las ondas directas con múltiplos para generar los datos SSP virtuales correlacionados.
- Migrar los datos del SSP virtual.

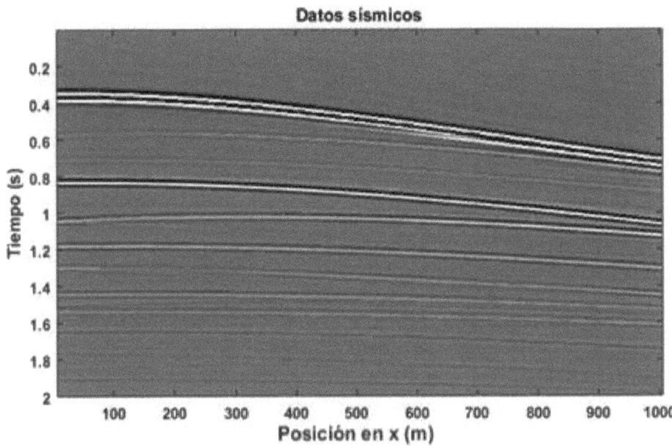

Figura 3. 29. Trazas sísmicas del primer receptor común para la migración interferométrica de múltiplos de VSP

En la Figura 3.29 se muestran los registros de las ondas ascendentes modelados por solución de diferencias finitas de la ecuación de onda acústica para el primer receptor común. Aquí se observan los registros de los 100 disparos registrados en un geófono.

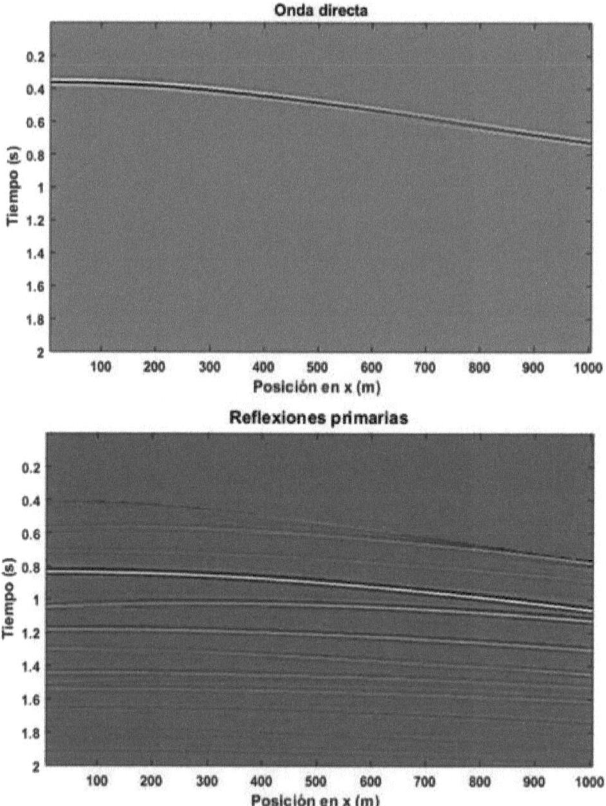

Figura 3. 30. Arriba, Onda directa y abajo reflexiones primarias de los datos sintéticos del primer receptor común.

Se separan las ondas directas de las ondas múltiples de cada registro (Figura 3.30), a través de un proceso de silenciado (*muting*). Luego se realiza la correlación cruzada para cada disparo registrado en el receptor, donde se toma cada traza de onda directa y se correlaciona con el conjunto completo de VSP (múltiples). En la Figura 3.31 se muestra la imagen migrada para un solo disparo.

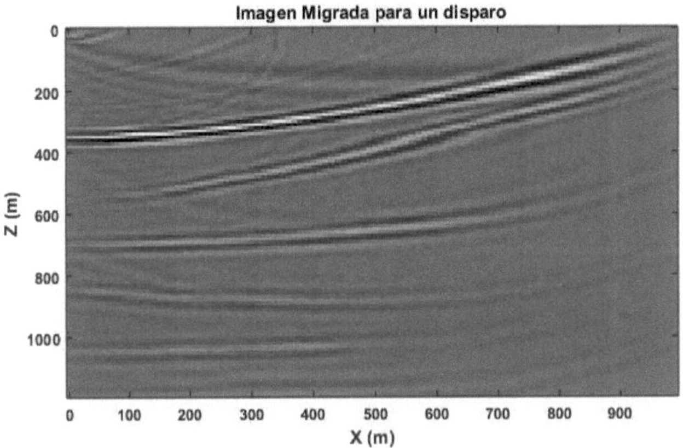

Figura 3. 31. Imagen migrada para un solo disparo. X posición horizontal, Z profundidad.

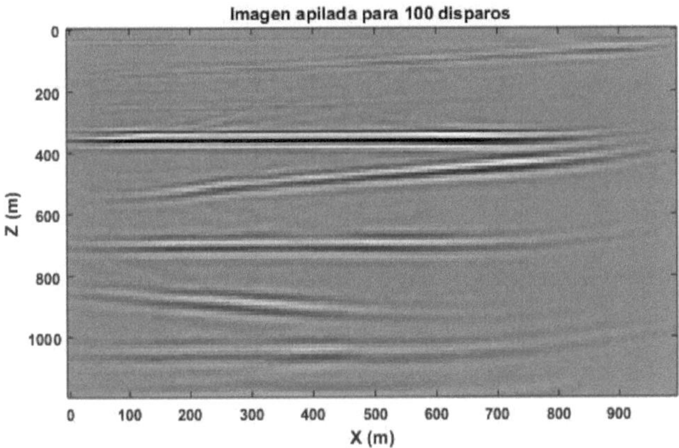

Figura 3. 32. Imagen migrada para los 100 disparos. Modelo de migración interferométrica de múltiplo de VSP. X posición horizontal, Z profundidad.

Luego este proceso anterior se repite para cada uno de los disparos registrados en cada receptor, sobre el número total de receptores. La Figura 3.32 muestra el resultado de la migración interferométrica apilada para los 100 disparos en los 16 receptores.

En la imagen resultante de la migración interferométrica (Figura 3.32), se logran apreciar las interfases reflectantes del medio sin muchos artefactos y con sus profundidades correctamente ubicadas (Figura 3.33).

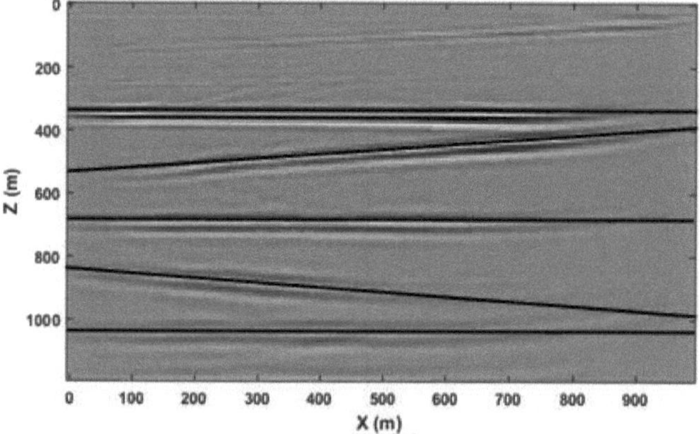

Figura 3. 33. Superposición de las interfases del modelo de velocidades con las de la imagen migrada. X posición horizontal, Z profundidad.

También, que la mayor definición se presenta en la zona más cercana a la ubicación del pozo, a la izquierda del modelo. En estas zonas también es donde se puede identificar con más facilidad los puntos de mayor amplitud correspondientes a la profundidad reconstruida de las interfaces (Figura 3.33).

Al comparar los valores de profundidad de los modelos de velocidad y la imagen migrada (Figura 3.34), se encuentra que la diferencia está entre 10 y 30 m, lo que indica una buena reconstrucción de la profundidad teniendo en cuenta el tamaño del modelo. También se observa una atenuación en la amplitud de las trazas 50 y 75 en las interfases más profundas, que no permite distinguir los puntos exactos correspondientes a la profundidad.

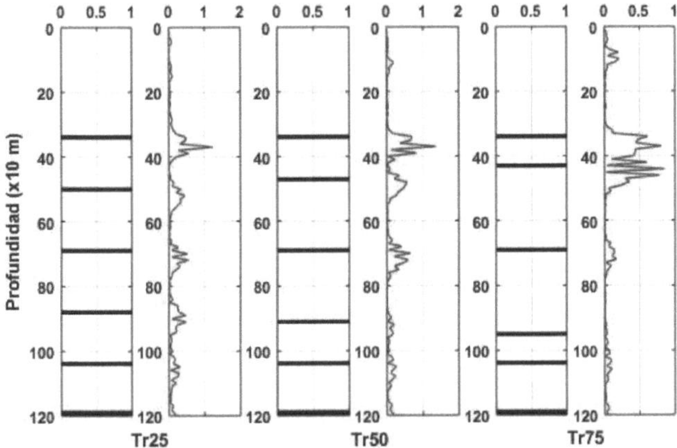

Figura 3. 34: comparación entre el valor de profundidad de las interfaces del modelo de velocidad y el valor absoluto de la amplitud de las trazas del modelo migrado para las trazas 25, 50 y 75 del modelo de transformación de múltiplos de VSP .

Para todos los modelos, se observa una buena reconstrucción de las interfases que conforman cada modelo, permitiendo identificar su forma y posiciones en profundidad. Se observa que a medida que se hace el modelo más complejo es más difícil su reconstrucción, como son en los casos de inclinaciones y formaciones complejas.

La migración de interferometría VSP tiene varias ventajas. Es insensible a los errores estáticos relacionados con el receptor y tiene una iluminación subsuperficial más amplia. La transformación efectuada de datos VSP a datos SSP virtuales también elimina la estática, elimina la necesidad de conocer las posiciones de los receptores o de la fuente y amplía la iluminación del subsuelo. Algunas limitaciones de esta transformación son, que puede llevar a degradar la relación señal-ruido en presencia de atenuaciones fuertes, perdida de definición de capas profundas y una apertura limitada de fuentes y receptores (Schuster, 2009).

3.7. Comparación de la migración interferométrica con los métodos de migración PS y RTM.

A continuación, se presenta una comparación cualitativa del método de migración por interferometría sísmica con otros dos métodos de migración convencionales como lo son el método de migración por corrimiento de fase PS y el método de migración de tiempo inverso RTM.

Se realizó la modelación y la migración por el método de PS para los modelos de lente geológica y modelo mixto de capa sinclinal y cabalgamiento. Estos modelos se generaron a partir de una configuración split simétrico (del inglés *Split spread;* igual número de geófonos a ambos lados del disparo) de 1000 geófonos separados 10 metros uno del otro y 100 tiros espaciados 10 m en la superficie los cuales fueron migrados en el entorno de SU.

La imagen obtenida para la lente geológica (Figura 3.35) muestra una gran cantidad de artefactos y ruido que interfieren con la definición de las interfaces del modelo, en especial en la interfaz inferior. También presenta pérdida de amplitud en la parte superior de la lente y los extremos izquierdo y derecho, a pesar de lo anterior se consigue distinguir la morfología. En comparación, la imagen obtenida por migración interferométrica para este modelo (Figura 3.14), la cual se obtuvo con escasos artefactos y poco ruido permite distinguir las interfases del modelo con baja ambigüedad.

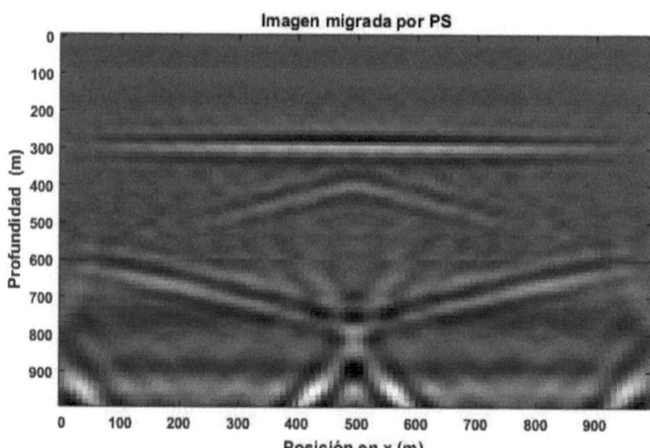

Figura 3. 35. Imagen migrada por el método de corrimiento de fase PS para el modelo de lente geológica.

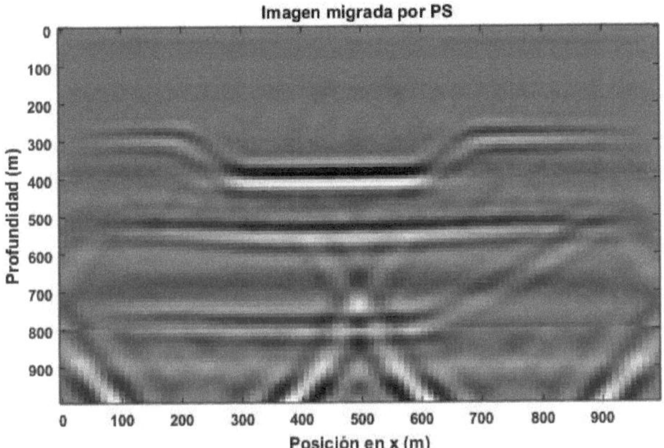

Figura 3. 36. Imagen migrada por el método de corrimiento de fase para el modelo mixto de capa sinclinal y cabalgamiento

Para el modelo mixto de capa sinclinal y cabalgamiento se obtuvo la imagen migrada por PS mostrada en la Figura 3.36. Al igual que en el modelo de la lente geológica migrado por PS, se observa la presencia de artefactos pronunciados en la parte inferior del modelo, dificultando la distinción precisa de las interfases. En comparación, la imagen migrada por interferometría sísmica (Figura 3.19), presenta muy pocos artefactos.

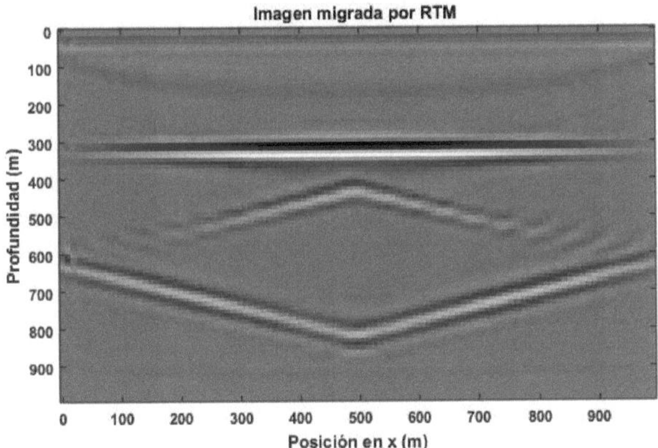

Figura 3. 37. Imagen migrada por RTM del modelo de lente geológica.

Para la migración RTM se utilizó la misma arquitectura de adquisición y modelación utilizada para la migración con PS. El método de RTM es uno de los métodos más efectivos de migración de datos sísmicos con el que se consiguió migrar ambos modelos de manera eficiente con muy buena resolución de las interfaces sin muchos artefactos ni ruido, mejorando los resultados obtenidos por migración interferométrica.

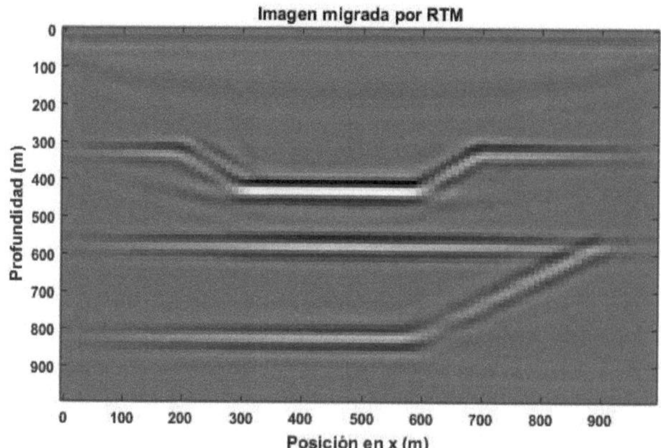

Figura 3. 38. Imagen migrada por el método RTM para el modelo mixto de capa sinclinal y cabalgamiento.

Al realizar la comparación de los resultados de la migración de la interferometría sísmica con los métodos de migración PS y RTM, es necesario tener en cuenta que los sistemas de adquisición y modelación de los datos fueron diferentes. Para los métodos de PS y RTM se utilizó una distribución split simétrico con 1000 geófonos y 100 disparos desplegados en la superficie, lo que da una apertura amplia para los registros y mayor cobertura de las ondas, en comparación al sistema de adquisición utilizado para generar los datos para la migración interferométrica, donde se utilizó una arquitectura VSP con máximo 16 fuentes en profundidad (para el caso que más se utilizaron) y 100 receptores uniformemente distribuidos sobre la superficie con una apertura del tamaño del modelo. Esta diferencia en la arquitectura de adquisición de los datos así como el tamaño de la apertura influye en los resultados de la migración.

4. CONCLUSIONES

Mediante migración interferométrica, se obtuvieron las capas geológicas de los modelos sintéticos, con una resolución que permite la identificación de las interfases y sus profundidades. Esto se consiguió adaptando algoritmos de modelación numérica, con las herramientas de software Seismic Unix y MATLAB, para la generación y simulación de los modelos geológicos.

Se diseñaron modelos geológicos sintéticos de diferente complejidad, con los que se modeló numéricamente los datos sísmicos, utilizando el programa de solución de la ecuación de onda acústica por diferencias finitas FDELMODC. Luego en el entorno de MATLAB se consiguió realizar la migración interferométrica de las trazas correlacionadas, con los que se realizó la reconstrucción de la imagen del subsuelo.

En las imágenes reconstruidas por migración interferométrica, se observa que la mayor definición o claridad de las fronteras geológicas se presenta en los puntos donde la amplitud de las trazas es mayor, en las zonas cercanas a las fuentes y los receptores, debido también al tamaño de la apertura que logra registrar mayor cantidad de energía de la onda reflejada. Lo contrario se presentó en la medida que se aleja de las fuentes y los geófonos, lo que se refleja en la falta de definición en las trazas de los puntos de las interfases a grandes distancias horizontales y profundidad. Lo anterior es debido a la apertura del sistema de adquisición de los datos y la forma en la que se distribuye la energía en los frentes de onda cada vez mayores a medida que se desplaza por el medio.

La dificultad para la reconstrucción del modelo geológico aumenta en la medida que aumenta su complejidad. Para simular una capa inclinada, el programa de modelación genera una pendiente con pequeños escalones que provocan un efecto de difracción debido a que las dimensiones de los escalones son del orden de la longitud de onda, que en adición a la atenuación natural de la onda, generan perdida de la información sobre la localización exacta de los puntos de las interfases. La forma en la que se distribuyen las fuentes y los receptores en adición a la apertura del sistema de adquisición de los datos, influye en la forma en la que se reconstruyen los modelos determinando la cantidad de reflexiones que van a ser registradas y que aportan a la migración. A pesar de lo anterior, se logra identificar la morfología de los modelos, sus dimensiones y las profundidades de las interfaces con muy buena precisión.

La modelación de la transformación de datos VSP a datos SSP virtuales, realizada en este trabajo, permite corroborar las características más sobresalientes del método de interferometría sísmica. Como lo son la reubicación virtual de la configuración fuente receptor, lo que permite que no sea necesario conocer sus ubicaciones originales.

Se presentó una comparación cualitativa del resultado de la migración por interferometría sísmica con dos métodos de migración convencionales; migración por corrimiento de fase PS y migración de tiempo inverso RTM. Se puede concluir que la imagen migrada por interferometría sísmica para los modelos de lente geológica y el modelo mixto de capa sinclinal y cabalgamiento, mejora notablemente los resultados obtenidos por el método de migración PS, con una imagen que permite distinguir la morfología del modelo sin los artefactos presentes en la imagen migrada por PS. En las imágenes obtenidas por el método de RTM para ambos modelos, se observa que la definición de las interfaces es mejor que la obtenida por migración interferométrica, sin artefactos y con apenas algunas perdidas de amplitud en los extremos de los modelos. Se debe tener en cuenta que la apertura más amplia en la modelación de los datos para la migración RTM influye para este resultado. Considerando lo anterior, las imágenes migradas por interferometría sísmica logran una reconstrucción aceptable de los modelos con una menor apertura, numero de geófonos y disparos.

Con este trabajo se amplía la descripción de las bases teóricas en el desarrollo de la técnica de interferometría sísmica, sirviendo como herramienta de iniciación en el tema para una posterior profundización en trabajos futuros. Como sugerencia, se propone realizar la modelación de diferentes sistemas de adquisición de datos, aumentando el número de fuentes y receptores. Además se puede diseñar modelos de mayor dimensión teniendo en cuenta el tamaño de la apertura de los receptores con el fin de optimizar los resultados.

Bibliografía

Arenas, J. H. (2013). Imágenes en Sísmica Pasiva por Migración Interferométrica: Aplicación para Microsismicidad Inducida por Fracturamiento Hidráulico.

Campillo, M. a. (2003). Long-range correlations in the diffuse seismic coda,. *Science*, 299, 547-549.

Claerbout, J. F. (1968). Synthesis of a layered mediumfrom its acoustic transmission response. *Geophysics, vol 33*, pg 264-269.

Claerbout, J. F. (1985). Imaging the earth's interior. *Blackwell Scientific Publications*.

Duvall, T. L. (1993). Time-distance helioseismology. *Nature*, 430-432.

Gerstoft, P. K. (2006). Green's functions extraction and surface-wave tomography from microseisms in southern California. *Geophysics*, 71, SI23-SI32.

He, G. S. (s.f.). *Benefits, Liabilities, and Examples of Interferometric Seismic Imaging*. Salt Lake City, Utah: University of Utah.

Hecht, E. (2017). *Optics*. Pearson Global Edition.

Jianhua Yu, J. M. (2002). Interferometric Seismic Imaging. 1-34.

Liu Faqui, Z. G. (2011). An effective imaging condition for reverse-time migration using wavefield decomposition. *Geophysics. Vol 76*, Pag S29-S39.

Margrave, G. F. (2005). *Methods of Seismic Data Processing*. Calgary, Alberta: The CREWES Project.

Morse, P. A. (1953). *Methods of theoretical physics (Part I)*. New York: McGraw Hill book Co.

Muijs, R. K. (2005). Prestack depth migration of primary and surface-related multiple reflections. *75th Ann. Internat. Mtg., SEG Expanded Abstracts*, 2107-2110.

O. Yilmaz, M. C. (2000). Seismic data analysis. *primera ed., seismic data analysis vol. 1*.

Rickett, J. &. (1999). Acoustic daylight imaging via spectral factorization: Helioseismology and reservoir monitoring. *The Leading Edge*, 957-960.

Ruiqing He, B. H. (2006). 3D wave-equation interferometric migration of VSP multiples. *SEG/New Orleans 2006 Annual Meeting*, 3442-3446.

Schuster. (2009). *Seismic Interferometry*. New York: Cambridge University Press.

Schuster, G. T. (2001). Seismic interferometric/daylight imaging: Tutorial. *63rd Ann. Conference, EAGE Extended Abstracts*.

Schuster, G. T. (2004). Interferometric/daylight seismic imaging. *Geoph. J. Internat., 157*, 838-852.

Schuster, G. T. (2008). *Seismic Interferometry*. Cambridge University.

Shapiro, N. M. (2005). High-resolution surface-wave tomography from ambient seismic noise. *Science*, 307, 1615-1618.

Snieder, R. A. (2002). Coda wave interferometry for estimating nonlinear behavior in seismic velocity. *Science*, 2253-2255.

Thorbecke, J. (2017). 2D Finite-Difference Wavefield Modelling.

Wapenaar, K. (2004). Retrieving the elastodynamic Green's function of an arbitrary inhomogeneous medium by cross correlation. *Physical Review Letters*, (1-4).

Wapenaar, K. D. (2002). Theory of acoustic daylight imaging revisited. *72nd Annual International Meeting Expanded Abstracts*, 2269-2272).

Wapenaar, K. D. (2010). Tutorial on seismic interferometry: Part 1 - Basic principles and applications. *Geophysics*, 75A195-75A209.

Wysession, S. S. (2003). An introduction to seismology earthquakes and earth structure. *aprimera ed., Blackwell*.

Yilmaz, O. (2001). Seismic Data Analysis; Processing, Inversion and Interpretation of Seismic Data . *Tulsa: Society of Exploration Geophysicists*.

APENDICE A

Aplicándola transformada inversa de Fourier a la ecuación 2.3

$$g_c(\mathbf{g}, t|\mathbf{s}, t_s) = \mathcal{F}^{-1}\big(G(\mathbf{g}|\mathbf{s})\big) = \int\limits_{-\infty}^{\infty} \frac{e^{i\omega(r/v - (t - t_s))}}{4\pi r} d\omega \qquad\qquad \text{A.1}$$

$$= \frac{1}{2} \frac{\delta(t - t_s - r/v)}{r}$$

Donde $r = |s - g|$, $k = \omega/v$ y

$$\delta(t - t_s - r/v) = \begin{cases} \infty \ \text{si } t - t_s = r/v \\ 0 \ \ \text{si } t - t_s \neq r/v. \end{cases} \qquad\qquad \text{A.2}$$

La función de Green es estacionaria en el tiempo, es decir, $g_c(\mathbf{g}, t|\mathbf{s}, t_s) = g_c(\mathbf{g}, t - t_s|\mathbf{s}, 0)$, lo que significa que la función de Green depende de la diferencia temporal entre el tiempo de inicio de la fuente t_s y el tiempo de observación t. La función delta $\pm\delta(t)$ es una función generalizada que solo se puede definir en términos del producto interno con una función suficientemente regular (Zemanian, 1965).

La función de Green acausal g_a se puede obtener de manera similar tomando la transformada de Fourier inversa de $G(\mathbf{g}|\mathbf{s})^*$

$$g_a(\mathbf{g}, t|\mathbf{s}, t_s) = \frac{1}{2} \frac{\delta(t - t_s + r/v)}{r} \qquad\qquad \text{A.3}$$

A.3 es la función de Green acausal para un medio homogéneo, donde las ondas se propagan antes del tiempo de excitación de la fuente. La función de Green se utiliza para la migración en comparación con la función del Green causal que se utiliza normalmente para el modelado directo. La función de Green acausal describe un frente de onda circular de contratación centrado en la fuente puntual y se extingue a los tiempos t_s y posteriores. Es acausal porque contrayéndose (Figura A.1) antes del tiempo de inicio de la fuente t_s, y se apaga una vez que se enciende la fuente. Esta función Green es importante en la migración sísmica porque enfoca los frentes de onda hacia su lugar de origen.

La Figura A.1 muestra que estas funciones de Green describen un cono de luz apuntando hacia atrás o hacia adelante, donde el vértice del cono besa el punto de origen en el momento t_s. Para una fuente puntual enterrada, cada cono interseca el plano de superficie $z = 0$ a lo largo de una hipérbola. La función de Green causal emula frentes de onda explosivos desde una "fuente" puntual, mientras que la función de Green acausal emula frentes de onda implosivos desde un "sumidero" (Schuster, 2009).

a) Causal Green's Function   b) Acausal Green's Function

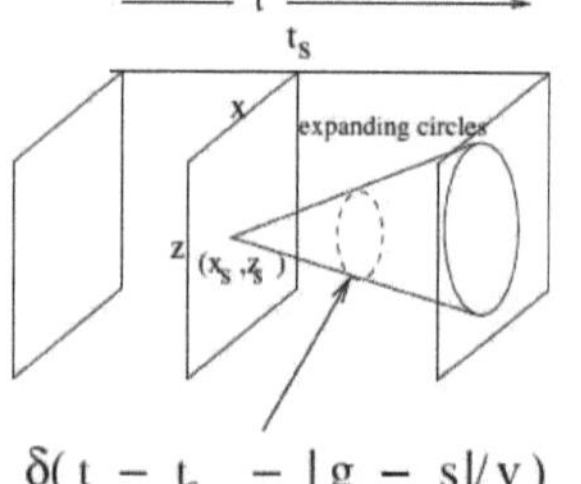

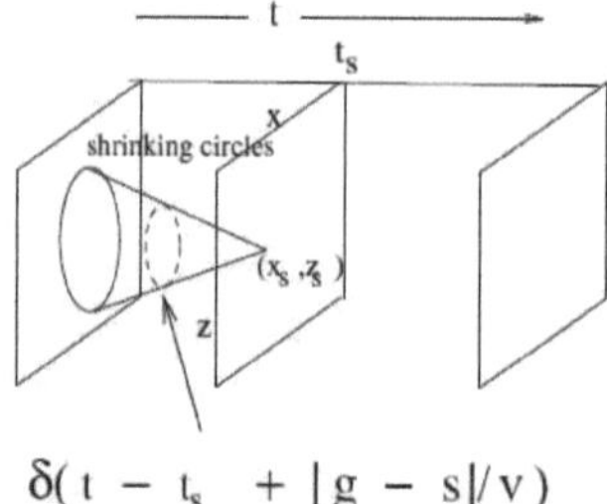

Figura A.1: Gráficos de a) las funciones causales y b) las funciones acausales de Green debido a una fuente puntual ubicada en $s = (xs, zs)$. Imagen tomada de (Schuster, 2009).

APENDICE B

Se define la correlación cruzada y la convolucíon de dos funciones f y g como sigue

$$h(t) = f(t) \otimes g(t) = \int_{-\infty}^{\infty} f(t')g(t + t')\, dt', \qquad \text{B.1}$$

donde $\otimes$ denota correlación, y la función $g(t')$ es corrida t con respecto a $f(t')$. su transformada de Fourier es:

$$H(\omega) = 2\pi F(\omega)^* G(\omega), \qquad \text{B.2}$$

donde * denota complejo conjugado. Ahora, la convolucíon se define por la integral:

$$h(t) = f(t) * g(t) = \int_{-\infty}^{\infty} f(t')g(t - t')\, dt', \qquad \text{B.3}$$

donde $*$ denota convolucíon y cuya transformada de Fourier es:

$$H(\omega) = 2\pi F(\omega)G(\omega). \qquad \text{B.4}$$

La correlación y la convolucíon se relacionan por la siguiente expresión:

$$f(t) \otimes g(t) = f(-t) * g(t) \qquad \text{A.5}$$

APENDICE C

Código utilizado para generar los datos sísmicos sintéticos en configuración VSP y modelo de velocidad en el entorno de SU. Este código incluye el programa de modelamiento FDELMODC. Este programa está ampliamente descrito en el documento de Thorbecke (Thorbecke, 2017).

```
#!/bin/bash
#PBS -N fdelmodc
#PBS -k eo
#PBS -j eo

export PATH=/home/usuario/OpenSource/utils:$PATH:
export PATH=/home/usuario/OpenSource/fdelmodc:$PATH:
export PATH=/home/usuario/OpenSource/bin:$PATH

% se crea la ondicula fuente
makewave file_out=wavelet.su dt=0.0005 nt=4000 fp=30 shift=1 w=g2 verbose=4

% se crea el modelo de velocidad
makemod file_base=model.su \
    cp0=3000 ro0=1000 cs0=0 sizex=1000 sizez=1000 \
    dx=10 dz=10 orig=0,0 \
    intt=def poly=0 cp=3500 ro=1000 cs=0 \
    x=0,1000 z=250,250 gradcp=0 grad=0 \
    intt=def poly=0 cp=3800 ro=1000 cs=0 \
    x=0,1000 z=480,480 gradcp=0 grad=0 \
       intt=def poly=0 cp=4000 ro=1000 cs=0 \
    x=0,1000 z=700,700 gradcp=0 grad=0 \
      verbose=4

export filecp=model_cp.su
export filecs=model_cs.su
export filero=model_ro.su

% se modela los datos sísmicos
fdelmodc \
    file_cp=$filecp file_cs=$filecs file_den=$filero \
    ischeme=1 \
    file_src=wavelet.su verbose=4 \
    file_rcv=rec.su \
    file_snap=snap_nodisp.su \
      src_type=1 \
```

```
            src_orient=1 \
            src_injectionrate=1 \
        rec_type_ud=1 \
        xrcv1=1 xrcv2=990 dxrcv=10 \
        zrcv1=5 zrcv2=5 dzrcv=1\
        rec_type_vx=1 rec_type_pp=1 rec_type_ss=1 rec_int_vx=1 \
        dtrcv=0.0005 \
        xsrc=5 zsrc=800 nshot=1 \ # posición de la fuente
            dxshot=1 \
        tmod=2.0 \
                ntaper=$ntaper \
                left=4 right=4 bottom=4 top=1 \
        tsnap1=0.0 tsnap2=2.0 dtsnap=0.001 \
        sna_type_ss=1 sna_type_pp=1 fmax=25

% graficas
suwind key=fldr min=500 max=500 < snap_nodisp_sp.su | \
        supsimage \
        wbox=4 hbox=4 titlesize=-1 labelsize=10 verbose=4 \
        d2=$dx f2=0 clip=0.001 \
        label1="depth [m]" label2="lateral position [m]" > snap_tap${ntaper}.eps

supsimage < rec_rp.su \
        wbox=3 hbox=4 titlesize=-1 labelsize=10 clip=0.003 verbose=4 \
        label1="time [s]" label2="lateral position [m]" > rec_tap${ntaper}_rp.eps



suxmovie < snap_nodisp_sp.su clip=2 \
        title="Acoustic Finite-Differencing (Frame %g)" \
        windowtitle="Movie" \
        label1="$label1" label2="$label2" \
        n1=101 d1=10 f1=0.0 n2=101 d2=10 f2=0.0 \
        cmap=gray loop=1 interp=1 &

suximage < SrcRecPositions.su \
        title="posicion receptores y fuente" \
        windowtitle="Shot" \
        label1="profundidad" label2="offset" \
        n1=100 d1=10 f1=0.0 n2=100 d2=10 f2=0.0 \
        width=700 height=700 &

% Se tranforman los datos para ser llevados al entorno de MATLAB
sustrip < rec_rp.su > hseis.bin
ximage < hseis.bin n1=4001
```

```
b2a < hseis.bin n1=4001 > sg80_Df3.asc   # n1 numero de trazas
# sg80_Df3.asc: archivo de salida con las trazas
exit;
```

Códigos utilizados para realizar la migración interferométrica en el entorno de MATLAB.

Este programa comprende dos pasos: primero, la reubicación virtual de los datos VSP a SSP y segundo la migración de los datos virtuales SSP.

```
%% datos usados en este programa:
%% vel            -- el modelo de velocidad
%% traveltimesrc  -- la tabla de tiempos de viaje
%% data/crg??.mat -- disparos de receptor común VSP

%% variables en este programa:
%% (isx,isz)  -- coordenadas de la fuente puntual
%% xcorrgather-- SSP generados de la crosscorrelacción de VSP
%% mig1b      -- migración resultante para un receptor
%% mig0a      -- migración resultante para todos los disparos

clear all;close all;clc;

%%%%%%%%%%%%%%%%%%%%%%%%%%%%%%%%%%%%%%%%%%%%%%%%%%%%%%%%%%%%%%%%%%%%%%%%%%
%%%%%%%
% parámetros
%%%%%%%%%%%%%%%%%%%%%%%%%%%%%%%%%%%%%%%%%%%%%%%%%%%%%%%%%%%%%%%%%%%%%%%%%%
nt=4001;                % número de muestras temporales
dt=0.0005;              % muestreo temporal
nx=100;                 % número de muestras espaciales
horizontales
nz=100;                 % número de muestras espaciales verticales
dx=10;                  % muestreo espacial horizontal
dz=dx;                  % muestreo espacial vertical
vm=20;                  % buffer size bf (30)


%%%%%%%%%%%%%%%%%%%%%%%%%%%%%%%%%%%%%%%%%%%%%%%%%%%%%%%%%%%%%%%%%%%%%%%%%%
% datos de entrada
%%%%%%%%%%%%%%%%%%%%%%%%%%%%%%%%%%%%%%%%%%%%%%%%%%%%%%%%%%%%%%%%%%%%%%%%%%
%%%%%%
load model_Df3.asc;  %% carga el modelo de velocidad
load cubotraveltimeDf3.mat;  %% carga la tabla de tiempos de viaje
usados para la migración.
 vel=model_Df3';
 S=1./(vel);
timer=round(traveltime/dt)+1;

%%grafica modelo de velocidad (ctrl+t)
figure;
```

```matlab
imagesc([1:nx]*dx,[1:nz]*dz,vel(:,:));colormap(gray);
title('modelo de velocidad');
xlabel('Offset (m)'); ylabel('Depth (m)');
figure;
% %%%grafica de los datos sísmicos (ctrl+t)
% mostrar los datos
% d=data;
% figure; colormap(gray);
% imagesc([1:nx]*dx,[1:nt]*dt,d/max(d(:)),[-0.1 0.1]);
% title('Datos sismicos');
% xlabel('Offset (m)'); ylabel('Tiempo (s)');


isz=1;   %%  índice de coordenada de los receptores en z
irx=1;   %%  índice de coordenada de las fuentes en x
xcorrgather=zeros(nt,nx,nx);   %% matriz inicial de la correlación
cruzada de los datos SSP.


%%  genera los datos SSP virtuales a partir de los datos VSP por
interferometría.

display('VSP==>SSP');
for irz=50:2:80       %% bucle sobre todas las fuentes localizadas
en el poso.
    irz,
    fname=['sg',num2str(irz),'_Df3.asc'];
    data=load(fname);
    d=data';
    RP=[irz,irx];    %% posición de la fuente  de los datos VSP
    %% separa la onda de directa de las multiples
    [direct_wave,multiple]=mutedata1(d,RP,S,vm,nx,dx,nt,dt);

    for isx=1:nx    %% bucle sobre todos los disparos en un conjunto
de datos
        isx,
        %% se generan los datos SSP por correlación cruzada
        %% en este proceso se emplea la funcion de correlacion
cruzada 2D
        %% se toma una traza de onda directa y se cros-correlaciona
con todo el conjunto de datos de ondas multiples de VSP
        tmp=xcorr2(multiple,direct_wave(:,isx));
        %% suma los datos correelacionados para todos los registros.
Teorema de fase estacionaria.
        xcorrgather(:,:,isx)=tmp(nt:end,:)+xcorrgather(:,:,isx);
    end
end


%% migracion de los datos SSP generados por interferometría.

display('Migrando.......');
mig0a=0;m1b=0;
for isx=1:nx
    %% toma un conjunto de datos (shot gather)
    tmp=xcorrgather(:,:,isx);
```

```matlab
    gather1=diff(tmp',2,2);

    %% migracion de un conjunto de datos correlacionados.
    [m1b]=mig1(timer,isx,isz,nx,nz,dx,dt,gather1);
    %% suma las imagenes para todos los conjuntos de datos (shots
gathers).
    mig0a = mig0a + m1b;

    %% muestra la imagen migrada
    imagesc((0:nx-1)*dx,(0:nz-1)*dx,mig0a);
    colormap(gray);
    xlabel('X (m)');
    ylabel('Z (m)');
    title(['Stacked Image for ',num2str(isx),' Shot Gathers']);
    pause(.5)
end

% guardar la matriz resultado
% save('capas_Df3','mig0a');
```

Código para generar la matriz con los tiempos para la migración.

```matlab
% cubo de tiempos de viaje

clear all;close all;clc;
%
load model_vel2a.asc; % cargar modelo de velocidad
den=model_vel2a';
S=1./den;   % modelo de lentitud (slowness model)
dx=10;

[nz nx]=size(den);
isz=1;       % coordenadas de los receptores
traveltime=zeros(nz,nx,nx);
for isx=1:nx; % bucle sobre las posiciones de los receptores
    isx
 RS=[isz,isx];
 traveltimesrc=Mray(S,RS,dx);
 traveltime(:,:,isx)=traveltimesrc;
end

traveltime=single(traveltime);
save('cubotraveltime2a.mat','traveltime');
```

Código para la separación de las ondas directas de las múltiples (muting)

```matlab
function [direct_wave,multiple]=mutedata1(data,RP,S,vm,nx,dx,nt,dt);
```

```matlab
%%
%% data   -- datos sísmicos de entrada
%% RP     -- posición de la fuente
%% direct_wave, multiple - onda directa y múltiples separadas

%% modificado de mutedata

len_wvlet=2/vm/dt;

%% calcula los tiempos de viaje de las ondas por trazado de rayos
time=Mray(S,RP,dx);
t_direct=ceil(time(1,:)./dt);

direct_wave=zeros([nt,nx]);
multiple=direct_wave;
%% separación de la onda directa y la múltiple por muting.
for ix=1:nx
    it0=t_direct(ix)+len_wvlet;
    direct_wave(1:it0,ix)=data(1:it0,ix);
    multiple(it0:end,ix)=data(it0:end,ix);
end
end
```

Calculo del tiempo de viaje de las ondas por trazado de rayos

```matlab
function [Ttable]=Mray(SW,SP,DX)
% trazado de rayos 2D para la tabla de tiempo de la migración
%
% entradas:
%       SW: modelo de lentitud
%       SP: posición de las fuentes
%       DX: espaciado
% code by: Ruiqing He, University of Utah, 2002

if nargin==0
    T=Mray(SW,SP,DX);
    imagesc(T); return;
end

[Z,X]=size(SW);
def=10000;
delt=max(SW(:));
sZ=7; sX=7;
dA=subs2(sZ,sX);
ZZ=Z+2*sZ-1;XX=X+2*sX-1;
T=ones(ZZ,XX)*def;
mark=ones(ZZ,XX)*def;

Z2=Z+2*sZ-2;X2=X+2*sX-2;
S=ones(Z2,X2);

Z1=sZ:Z+sZ;X1=sX:X+sX;
```

```
mark(Z1,X1)=0;

Z2=sZ:Z+sZ-1;
X2=sX:X+sX-1;
S(Z2,X2)=SW;
S(Z+sZ,X2)=2*S(Z+sZ-1,X2)-S(Z+sZ-2,X2);
S(Z2,X+sX)=2*S(Z2,X+sX-1)-S(Z2,X+sX-2);
S(Z+sZ,X+sX)=2*S(Z+sZ-1,X+sX-1)-S(Z+sZ-2,X+sX-2);

dz=-sZ+1;dx=-sX+1;
[is,dum]=size(SP);

z=SP(1);x=SP(2);
z=z+sZ-1;x=x+sX-1;
T(z,x)=0;
mark(z,x)=def;

a=2*sZ-1;b=2*sX-1;
aa=-sZ+1:sZ-1;bb=-sX+1:sX-1;as=-sZ+1:sZ-2;bs=-sX+1:sX-2;
AS=S(as+z,bs+x);
aaa=aa+z;bbb=bb+x;
TT=T(aaa,bbb);
T(aaa,bbb)=min(reshape(dA*AS(:)+T(z,x),a,b),TT);
maxt=max(max(T(z-1:z+1,x-1:x+1)));

while 1
    [hz hx]=find(T+mark<=maxt+delt);[hsz,dum]=size(hz);
    for ii=1:hsz
        z=hz(ii);x=hx(ii);
        maxt=max(maxt,T(z,x));
        mark(z,x)=def;
        AS=S(as+z,bs+x);
        aaa=aa+z;bbb=bb+x;
        TT=T(aaa,bbb);
        T(aaa,bbb)=min(reshape(dA*AS(:)+T(z,x),a,b),TT);
    end
    if all(mark(Z2,X2)) break;end
end
Ttable=T(Z2,X2)*DX;

%%%%%%%%%%%%%%%%%%%%%%%%%
function [pz,px,j]=lineseg2(z0,x0,z1,x1)

% code by: Ruiqing He, University of Utah, 2002
dz=(z1-z0);dx=(x1-x0);
sgnz=sign(dz);sgnx=sign(x1-x0);
pz(1)=z0;px(1)=x0;j=2;

if sgnz~=0;for z=z0+sgnz:sgnz:z1-sgnz
    pz(j)=z;px(j)=x0+(z-z0)*dx/dz;j=j+1;
end; end

if sgnx ~=0;for x=x0+sgnx:sgnx:x1-sgnx
```

```
    px(j)=x;pz(j)=z0+(x-x0)*dz/dx;j=j+1;
end; end


pz(j)=z1;px(j)=x1;
[px,id]=sort(px);[pz,id]=sort(pz);
if(sgnx==-sgnz);px=fliplr(px);end


%%%%%%%%%%%%%%%%%%%%%%%%
function [L]=buildL2(L,Z,X,ind,z0,x0,z1,x1)
% code by: Ruiqing He, University of Utah, 2002
[pz,px,j]=lineseg2(z0,x0,z1,x1);
for i=1:j-1
    l=norm([pz(i+1)-pz(i),px(i+1)-px(i)]);
    a=floor((pz(i+1)+pz(i))/2);if a==Z+1;a=Z;elseif a==0;a=1;end;
    b=floor((px(i+1)+px(i))/2);if b==X+1;b=X;elseif b==0;b=1;end;
    L(ind,sub2ind([Z,X],a,b))=l;
end


%%%%%%%%%%%%%%%%%%%%%%%%%
function dA=subs2(sZ,sX)

% code by: Ruiqing He, University of Utah, 2002
z=2*sZ-1;x=2*sX-1;
z1=z-1;x1=x-1;
dA=sparse(z*x,z1*x1);
for j=1:z;for i=1:x
    dA=buildL2(dA,z1,x1,sub2ind([z,x],j,i),sZ,sX,j,i);
end;end
```

Estimaciones de la función de correlación cruzada

```
function [c,lags] = xcorr(x,varargin)    %función de correlación cruzada
```

XCORR Estimaciones de la función de correlación cruzada.
C = XCORR (A, B), donde A y B son vectores de longitud M (M> 1),
devuelve una secuencia de correlación cruzada C de longitud 2*M-
1. Si A y B son de longitud diferente, el más corto es Cero-
pading. C será un vector de fila si A es un vector de fila, y un
vector de columna si A es un vector de columna.
XCORR produce una estimación de la correlación entre dos
secuencias aleatorias (conjuntamente estacionarias): Es también
la correlación determinista entre dos señales determinísticas.
(C(m)=E[A(n+m)*conj(B(n))]).
XCORR (A), cuando A es un vector, es la secuencia de
autocorrelación.
XCORR (A), cuando A es una matriz M-by-N, es una matriz grande
con 2*M-1 filas cuyas columnas N^2 contienen las secuencias de
correlación cruzada para todas las combinaciones de las columnas
de A. El zeroth lag De la salida de la correlación está en el
centro de la secuencia, en el elemento o fila M.

```
        XCORR (..., MAXLAG) calcula la correlación (auto / cruz) en el
        intervalo de retardos: -MAXLAG a MAXLAG, es decir, 2 * MAXLAG +
        1 retardos. Si falta, el valor predeterminado es MAXLAG = M-1.

        [C, LAGS] = XCORR (...) devuelve un vector de índices de retraso
        (LAGS).

        XCORR (..., SCALEOPT), normaliza la correlación según SCALEOPT:
        ' biased' - (sesgado) escala la correlación cruzada cruda por
        1/M.
        'unbiased' - (imparcial) escala la correlación bruta por 1/(M-
        abs(lags)).
        'Coeff' - normaliza la secuencia para que las auto-correlaciones
        en cero lag sean idénticamente 1.0.
        'None' - sin escala (este es el valor predeterminado).

        Véase también XCOV, CORRCOEF, CONV, COV y XCORR2.

Author(s): R. Losada
%    Copyright 1988-2004 The MathWorks, Inc.
%    $Revision: 1.16.4.2 $  $Date: 2004/12/26 22:17:15 $
%
%    References:
%       S.J. Orfanidis, "Optimum Signal Processing. An Introduction"
%       2nd Ed. Macmillan, 1988.

% se tienen como argumentos de entrada X y VARANGIN{:} (Lista de
argumentos de entrada de longitud variable)

error(nargchk(1,4,nargin)); %muestra un mensaje de error en el caso
de que el número de argumentos de entrada (nargin) sea menor que
minargs o mayor a maxargs.(min 1, max 4).

[x,nshift] = shiftdim(x); %retorna un arreglo X con el exceso de
dimensiones removidas.

[xIsMatrix,autoFlag,maxlag,scaleType,msg]                          =
parseinput(x,varargin{:});%%%


if xIsMatrix,
    [c,M,N] = matrixCorr(x);
else
    [c,M,N] = vectorXcorr(x,autoFlag,varargin{:});
End
%condicional para asignar una matriz o un vector a la correlación

% La correlación de la fuerza es real cuando las entradas son reales
c = forceRealCorr(c,x,autoFlag,varargin{:});

lags = -maxlag:maxlag; % crea un vector

% Mantener sólo los lags que queremos y mover los desfases negativos
antes de los lags positivos
```

```matlab
if maxlag >= M,
    c                       =                       [zeros(maxlag-M+1,N^2);c(end-
M+2:end,:);c(1:M,:);zeros(maxlag-M+1,N^2)];
else
    c = [c(end-maxlag+1:end,:);c(1:maxlag+1,:)];
end

% escalar como es especificado
[c,msg]                                                                     =
scaleXcorr(c,xIsMatrix,scaleType,autoFlag,M,maxlag,lags,x,varargin{:
});
error(msg);

% Si el primer vector es una fila, devuelve una fila
c = shiftdim(c,-nshift);

%------------------------------------------------------------------
-----

function [c,M,N] = matrixCorr(x) % Calcula todas las correlaciones
posibles auto y cruzadas para una matriz de entrada.

[M,N] = size(x);  % extrae las dimensiones de la matriz x, M*N.

X = fft(x,2^nextpow2(2*M-1));  % calcula la transformada de Fourier
de x y ajusta su dimensión.

Xc = conj(X);   % calcula el complejo conjugado de X

[MX,NX] = size(X);  % extrae las dimensiones de la matriz X

C = zeros(MX,NX*NX);   % se crea una matriz de ceros de dimensiones
MX*NX*NX

for n =1:N,
    C(:,(((n-1)*N)+1):(n*N)) = repmat(X(:,n),1,N).*Xc;
End
% bucle que clona las columnas de la matriz X de 1 hasta N y la
multiplica por su complejo conjugado para obtener la matrix C.

c = ifft(C);  % calcula la transformada inversa de la matriz C

%------------------------------------------------------------------
function [c,M,N] = vectorXcorr(x,autoFlag,varargin)  % calcula las
auto o cros correlaciones para vectores de entrada.

x = x(:);  % asigna todos los elementos de x

[M,N] = size(x);  % extrae las dimensiones de la matriz x, M*N.

if autoFlag,   % autoFlag: variable de entrada.
    % Autocorrelación
    % Calcular la correlación mediante FFT
```

```
    X = fft(x,2^nextpow2(2*M-1));  % calcula la transformada de Fourier
de x y ajusta su dimensión.

    c = ifft(abs(X).^2);   % calcula la transformada inversa de X
elevado al cuadrado

else
    % xcorrelation->
    y = varargin{1};
    y = y(:);
    L = length(y);

Mcached = M;   % asigna la dimensión M

% recalcula length(x) en caso de que length(y) > length(x)
    M = max(Mcached,L);


if (L ~= Mcached) && any([L./Mcached, Mcached./L] > 10),
    % si, Los tamaños de los vectores difieren en un factor mayor que
10,... fftfilt es rápido

neg_c = conj(fftfilt(conj(x),flipud(y)));  % negative lags
pos_c = flipud(fftfilt(conj(y),flipud(x)));  % positive lags

%fftfilt: Esta función MATLAB filtra los datos en el vector conj(x)
con %el filtro descrito por el vector de coeficientes flipud(y).

%flipud: Esta función MATLAB devuelve y con sus filas invertidas en
la %dirección hacia arriba y hacia abajo (es decir, alrededor de un
eje %horizontal).

%Hacerlos de longitud casi igual (quitar cero-el retraso de neg)

lneg = length(neg_c); lpos = length(pos_c);
neg_c = [zeros(lpos-lneg,1);neg_c(1:end-1)];
pos_c = [pos_c;zeros(lneg-lpos,1)];

c = [pos_c;neg_c];   % crea una matriz de dimensiones (pos c)*(neg c)


else
        if L ~= Mcached,
            % Forzar longitudes iguales
            if L > Mcached
                x = [x;zeros(L-Mcached,1)];

            else
                y = [y;zeros(Mcached-L,1)];
            end
        end

% transformar ambos vectores
```

```matlab
        X = fft(x,2^nextpow2(2*M-1));
        Y = fft(y,2^nextpow2(2*M-1));

% calcula la cros-correlación
        c = ifft(X.*conj(Y));

end
end


%--------------------------------------------------------------------
function [c,msg] = scaleXcorr(c,xIsMatrix,scaleType,autoFlag,...
    M,maxlag,lags,x,varargin)
% escala la crosscorrelacción como se especifica
switch scaleType,   % ejecuta uno de muchos estamentos

case 'none',
    return
case 'biased',       % evalua uno de muchos estamentos

%Escala la correlación cruzada por 1 / M.
c = c./M;

case 'unbiased',
% Escala la correlación en 1 / (M-abs (retrasos)).

scale = (M-abs(lags)).';
    scale(scale<=0)=1; % Evita dividir por cero, cuando la correlación
es cero

    if xIsMatrix,
        scale = repmat(scale,1,size(c,2));
    end

c = c./scale;  % divide la matriz c en la escala

case 'coeff',
    % normaliza la secuencia de modo que la auto-correlación
    % en cero-lag es identicamente 1.0.
    if ~autoFlag,
        % xcorr(x,y)
        % calcula las auto correlaciones en zero lag
        cxx0 = sum(abs(x).^2);
        cyy0 = sum(abs(varargin{1}).^2);
        scale = sqrt(cxx0*cyy0);
        c = c./scale;
    else

if ~xIsMatrix,
            % caso de autocorrelación, normalización simple por c[0]
            c = c./c(maxlag+1);

else
            % calcula los índices correspondientes a las columnas para
las  cuales  tenemos  correlaciones(e.g.  if  c  =  n  por  9,  las
```

```matlab
autocorrelaciones están en las columnas[1,5,9] las otras columnas son
croscorrelaciones).
             [mc,nc] = size(c);
             jkl = reshape(1:nc,sqrt(nc),sqrt(nc))';
             tmp = sqrt(c(maxlag+1,diag(jkl)));
             tmp = tmp(:)*tmp;
             cdiv = repmat(tmp(:).',mc,1);
             c = c ./ cdiv; % las autocorrelaciones en cero-lag son
normalizadas a uno.
        end
    end
end


%------------------------------------------------------------------
function              [xIsMatrix,autoFlag,maxlag,scaleType,msg]        =
parseinput(x,varargin)
% Analizar la entrada y determinar los parámetros opcionales:
salidas:
%        xIsMatrix - marcador indicando si x es matriz
%        AUTOFLAG  - 1 si es autocorrelación, 0 si es crosscorrelacción
%        maxlag    - numero de retrazos por calcular
%        scaleType - String con el tipo de escala deseada.
%        msg       - posible mensaje de error

% Establece algunos valores predeterminados
scaleType = '';
autoFlag = 1; % asume la autocorrelacion hasta probar otro caso
maxlag = [];

errMsg = 'Input argument is not recognized.';   % mensaje de error:
argumento de entrada no reconocido.

switch nargin,
case 2,
    % puede ser (x,y), (x,maxlag), o (x,scaleType)
    if ischar(varargin{1}),
        % segundo argumento es scaleType
        scaleType = varargin{1};

    elseif isnumeric(varargin{1}),
        % puede ser y o maxlag
        if length(varargin{1}) == 1,
            maxlag = varargin{1};
        else
            autoFlag = 0;
            y = varargin{1};
        end
    else
% no reconocido
        msg = errMsg;
        return
    end
```

```matlab
case 3,
    % puede ser (x,y,maxlag), (x,maxlag,scaleType) o (x,y,scaleType)
    maxlagflag = 0; % por defecto, se asume que el 3rd argumento no
es maxlag
    if ischar(varargin{2}),
        % debe ser scaletype
        scaleType = varargin{2};

elseif isnumeric(varargin{2}),
        % debe ser maxlag
        maxlagflag = 1;
        maxlag = varargin{2};

else
        % No reconocido
        msg = errMsg;
        return
    end
if isnumeric(varargin{1}),   % evalua la variable de entrada como
numerica
        if maxlagflag,
            autoFlag = 0;
            y = varargin{1};

else
            % puede ser o maxlag
            if length(varargin{1}) == 1,
                maxlag = varargin{1};
            else
                autoFlag = 0;
                y = varargin{1};
            end
        end

else
        % No reconocido
        msg = errMsg;
        return
    end

case 4,
    % debe ser (x,y,maxlag,scaleType)
    autoFlag = 0;
    y = varargin{1};

    maxlag = varargin{2};

    scaleType = varargin{3};
end

% determina si x es una matriz o un vector
[xIsMatrix,m] = parse_x(x);

if ~autoFlag,
```

```matlab
    % prueba de corrección
    [maxlag,msg] = parse_y(y,m,xIsMatrix,maxlag);
    if ~isempty(msg),
        return
    end
end

[maxlag,msg] = parse_maxlag(maxlag,m);
if ~isempty(msg),
    return
end

% Prueba de la validez scaleType
[scaleType,msg] =
parse_scaleType(scaleType,errMsg,autoFlag,m,varargin{:});
if ~isempty(msg),
    return
end

%-----------------------------------------------------------------------
function [xIsMatrix,m] = parse_x(x)


xIsMatrix = (size(x,2) > 1);

m = size(x,1);

%-----------------------------------------------------------------------
function [maxlag,msg] = parse_y(y,m,xIsMatrix,maxlag)
msg = '';
[my,ny] = size(y);   % extrae las dimensiones de y
if ~any([my,ny] == 1),
    % segundo elemento es una matriz, error
    msg = 'B must be a vector (min(size(B))==1).';
    return  % mensaje de error
end

if xIsMatrix,
    % no se puede hacer xcorr(matrix,vector)
    msg = 'When B is a vector, A must be a vector.';
    return  % mensaje de error
end

if (length(y) > m) && isempty(maxlag),
    % calcula el maxlag predeterminado basado en la longitud de y
    maxlag = length(y) - 1;
end

%-----------------------------------------------------------------------
function [maxlag,msg] = parse_maxlag(maxlag,m)
msg = '';
if isempty(maxlag),
    % Aún no se ha asignado el valor predeterminado, hágalo
```

```matlab
    maxlag = m-1;
else

% prueba maxlag para correctness
    if   length(maxlag)>1
        msg = 'Maximum lag must be a scalar.';
        return
    end
    if maxlag < 0,
        maxlag = abs(maxlag);
    end
    if maxlag ~= round(maxlag),
        msg = 'Maximum lag must be an integer.';
    end
end

%-------------------------------------------------------------------
-
function c = forceRealCorr(c,x,autoFlag,varargin)
% fuerza la correlación para que sea real cuando las entradas son
reales
forceReal = 0; % indicador para determinar si debemos forzar el corr
a ser real

if (isreal(x) && autoFlag) || (isreal(x) && isreal(varargin{1})),
    forceReal = 1;
end

if forceReal,
    c = real(c);
end

%-------------------------------------------------------------------
-
function                    [scaleType,msg]                       =
parse_scaleType(scaleType,errMsg,autoFlag,m,varargin)
msg = '';
if isempty(scaleType),
    scaleType = 'none';
else
    scaleOpts = {'biased','unbiased','coeff','none'};
    indx = find(strncmpi(scaleType, scaleOpts, length(scaleType)));

    if isempty(indx),
        msg = errMsg;
        return
    else
        scaleType = scaleOpts{indx};
    end

if  ~autoFlag   &&   ~strcmpi(scaleType,'none')   &&   (m   ~=
length(varargin{1})),
        msg = 'Scale option must be ''none'' for different length
vectors A and B.';
```

```
        return
    end
end

% EOF
```

Código para la migración de los datos resultante de la correlación cruzada.

```matlab
function [mig]=mig1(timer,isx,isz,nx,nz,dx,dt,gather1)
%% aplilado de difracción para un disparo shot gather
%% timer  -- tabla de tiempo de viaje
%% isx    -- coordenada de la fuente en x
%% nx,nz  -- tamaño del modelo
%% dt,    -- intervalo de tiempo
%% gather -- common shot gather
%% (igx,igz) - coordenadas de los receptores
%% (ix,iz)   -- coordenadas de los puntos imagen

[nx,t1]=size(gather1);
tmin=min(min(min(timer)));
if tmin==0;
    timer=timer+1;
end;
mig=zeros(nz,nx);
igz=1;
ix=[1:nx];
iz=[1:nz];
[xx,zz]=meshgrid(ix,iz);
rs=sqrt((xx-isx).^2+(zz-isz).^2).*dx;
%bucle sobre cada traza del shot gather
for igx=1:nx;
    t= timer(iz,ix,isx) + timer(iz,ix,igx);
    trace1=gather1(igx,t);
    trace1=reshape(trace1,nz,nx);
    rg=sqrt((xx-igx).^2+(zz-igz).^2).*dx;
    r=rs+rg;
    r(r==0)=1;
    mig(iz,ix)=mig(iz,ix)+trace1./r;
end
```

Certificado de participacion en el XIII Congreso Internacional "Electrónica y Tecnologías de Avanzada"

Carta de constancia aceptación de publicación articulo.

ISSN 1692-7257

Revista Colombiana de
Tecnologías de Avanzada

El Editor de la Revista Colombiana de Tecnologías de Avanzada:

HACE CONSTAR

Que Helizain Pabón Lizcano, Néstor A. Arias Hernández, Jorge Enrique Rueda presentaron el artículo titulado: "MIGRACIÓN INTERFEROMETRICA EN CONFIGURACIÓN VSP".

Que el mencionado artículo se encuentra aceptado, está en la fase de revisión - corrección y será publicado en la revista. Adicionalmente que la Revista Colombiana de Tecnologías de Avanzada está categorizada en C en Publindex, entidad del Departamento Administrativo de Ciencias, Tecnologías e Innovación Colciencias encargada de Indexación y Homologación de publicaciones científicas en Colombia.

Dado en Pamplona, 27 de julio del 2018.

PhD. ALDO PARDO GARCIA
Editor
Revista Colombiana de Tecnologías de Avanzada.

Publindex
Indexación - Homologación

I want morebooks!

Buy your books fast and straightforward online - at one of world's fastest growing online book stores! Environmentally sound due to Print-on-Demand technologies.

Buy your books online at
www.morebooks.shop

¡Compre sus libros rápido y directo en internet, en una de las librerías en línea con mayor crecimiento en el mundo! Producción que protege el medio ambiente a través de las tecnologías de impresión bajo demanda.

Compre sus libros online en
www.morebooks.shop

KS OmniScriptum Publishing
Brivibas gatve 197
LV-1039 Riga, Latvia
Telefax: +371 686 204 55

info@omniscriptum.com
www.omniscriptum.com

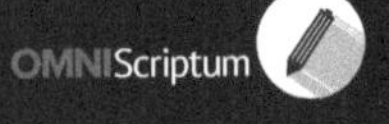